Hans Richard Schittny

Begegnung mit dem Stein der Weisen

Eine Bilderreise durch die Alchemie

Bibliografische Information Der Deutschen Bibliothek:
Die Deutsche Bibliothek verzeichnet diese Publikation in
der Deutschen Nationalbibliografie; detaillierte biblio-
grafische Daten sind im Internet über
<http://dnb.ddb.de< abrufbar.

© 2005 Hans Richard Schittny

2. erweiterte Auflage

Herstellung und Verlag: Books on Demand GmbH, Norderstedt.

Printed in Germany

Dieses Buch wurde im On-Demand-Verfahren hergestellt.

ISBN 978-3-8334-7790-4

Inhaltsverzeichnis

Seite

1. Zur Einführung	7
2. Über den Ursprung der Alchemie	10
3. Die Väter der Alchemie	19
4. Sie wollten erkennen, was die Welt im Innersten zusammenhält	26
5. Die Erforschung der Natur	34
6. Die Prima Materia - Urgrund der Stoffe	38
7. Zeugung und Geburt des Steines der Weisen	42
8. Das Experiment	54
9. Bereitung des Steines der Weisen	58
10. Das Laboratorium	64
11. Alchemistische Symbole	71
12. Warnung vor dem Goldmachen	74
13. Das Goldmachen	76
14. Das Mysterium Krankheit	82
15. Heilen mit dem Stein der Weisen	86
16. Die Goldtinktur	92
17. Paracelsus	95
18. Alchemie und christliche Mystik	104
19. Symbole von Auferstehung und Tod	107
20. Der Basilisk	114
21. Von der Alchemie zur Chemie	120
22. Metallurgie	123
23. Die vier Elemente: Feuer, Wasser, Luft und Erde	134
24. Die Astrologie	140
25. Astronomisch-astrologische Uhren und Kalender	162
26. Das Ende war begleitet von Spott	173
27. Bildnachweis	176

**"Ich versichere Dir, daß derjenige, der versucht,
mit dem normalen Wortsinn das zu verstehen,
was die hermetischen Philosophen geschrieben haben,
sich in den Mäandern eines Labyrinths verstrickt,
aus dem er niemals wieder heraus finden wird".**

Der Spruch aus dem "Livre de Artephius, Bibl. des Philosophes Chimiques, Paris, 1741" sagt, wie man die hermetische Philosophie der Alchemisten verstehen muß, nämlich als eine sehr vielfältige und dadurch zum Teil verworrene Vorstellungswelt, die durch die meditative Erfahrung vieler verschiedener Philosophen entstanden und die deshalb nicht leicht zu durchschauen ist. Für dieses Buch wurde daher aus der Vielzahl der Auffassungen jeweils diejenige ausgewählt, die damals am weitesten verbreitet war. So wird der Leser auf einem bequemen Pfad durch das Labyrinth geführt.

Zur Einführung

Für den aufgeklärten Menschen des 20. Jahrhunderts ist es nicht leicht, sich in die Vorstellungswelt vergangener Jahrhunderte hineinzuversetzen und die Denkweise und das sich daraus ergebende Lebensgefühl der damaligen Menschen zu verstehen. Unser auf rationales Denken geschultes Gehirn und unser naturwissenschaftliches Wissen hat Schwierigkeiten mit der magischen und mystischen Vorstellungswelt früherer Epochen.

Diese Schwierigkeiten haben wir auch mit der Vorstellungswelt der Alchemisten, die in der Renaissance versuchten, die Natur und das Wesen dieser Welt nicht wie wir heute auf rationalem Wege zu erforschen, sondern noch mit der aus dem Mittelalter überkommenen magischen, mythologischen und metaphysischen Denkweise. Die Philosophie der Alchemisten und damit auch ihre hochinteressanten Vorstellungen vom Stein der Weisen sind wegen dieser ihrer Irrationalität heute weitgehend in Vergessenheit geraten.

Im Gegensatz zu den Menschen im Mittelalter und am Beginn der Neuzeit haben wir mit dem Stein der Weisen heute nichts mehr zu tun, denn die Alchemisten, die den Stein der Weisen finden wollten, gibt es nicht mehr. In unserem Bewußtsein und in unserer Umgangssprache jedoch ist der Stein der Weisen noch immer lebendig. Wir berufen uns zum Beispiel auf ihn, wenn wir ausdrücken wollen, daß wir irgendetwas durchaus nicht für so weltbewegend halten, wie es eben die Erfindung des sagenhaften Steines der Weisen gewesen wäre. Und so wissen wir heute nur noch sehr schemenhaft, was es früher einmal mit dem Stein der Weisen auf sich hatte.

Das Buch erläutert an Hand von Allegorien, wer oder was der Stein der Weisen einmal gewesen ist, welche Philosophie sich hinter ihm versteckte und welche Versuche, ja welche vergeblichen Versuche gemacht wurden, um ihn herzustellen.

Die Alchemisten verschlüsselten ihre Philosophie mit Allegorien, um das Wesentliche ihrer Philosophie nur ihren Auserwählten zugänglich zu machen, aber auch um wegen ihrer pseudoreligiösen Vorstellungen von der Kirche nicht der Ketzerei beschuldigt zu werden. Uns versetzen diese allegorischen Darstellungen heute in die glückliche Lage, daß wir uns mit ihrer Deutung leicht ein gutes Bild von der Vorstellungswelt der Alchemisten machen können.

Mit der Deutung dieser Allegorien wird dem Leser das verlorengegangene Wissen auf eine sehr reizvolle und leicht verständliche Weise dargestellt. Das Buch führt in die Renaissance, also in die Zeit des großen geistigen Umbruchs vom Mittelalter zur Neuzeit. Es erschließt mit der Alchemie und deren Philosophie vom Stein der Weisen eine wichtige Geistesströmung dieser Epoche.

Das plötzliche Aufblühen der Alchemie in der Renaissance war ausgelöst worden durch die Rückbesinnung auf die Naturerkenntnisse der antiken griechischen Philosophie. Man wollte die Welt nicht mehr weiter nur vom Jenseits her, sondern auch über die Erforschung der Natur erklären, wie es die griechischen Philosophen schon versucht hatten. Die Alchemie wurde dadurch zu einer Kraft, die wie viele andere Strömungen dieser Zeit des großen Umbruchs dazu beitrug, den über Jahrhunderte durch die Macht der Kirche bedingten geistigen Stillstand zu überwinden. Die Kirche hatte diesen Stillstand herbeigeführt, weil sie der Meinung war, daß alles, was der Mensch wissen muß, in der Heiligen Schrift zu finden sei, und daß das, was man darüber hinaus etwa noch hätte wissen können, unnötig sei und nur dazu führen würde, Zweifel an den ewigen Wahrheiten zu nähren. Die Kirche war der Ansicht, daß sich alle wissenschaftliche Erkenntnis nur aus dem Wort Gottes speisen könne.

Indem die Alchemie das kirchliche Verbot, die Natur zu erforschen und mit ihr zu experimentieren, mißachtete, trug sie - obwohl selbst noch keine Wissenschaft im heutigen Sinn - dazu bei, naturwissenschaftliche Erkenntnisse zu gewinnen, wenn auch in sehr kleinen Schritten. Trotz dieser Tendenz zum Rationalen setzte sich das rationale Denken in der Alchemie nur sehr zögerlich durch. Es dauerte lange, bis die Welt nicht mehr mittelalterlich, das heißt mystisch, magisch und religiös, also vor allem vom Jenseits her erklärt wurde. Erst im 18. Jahrhundert entwickelten sich dann zügig die exakten Wissenschaften, wobei aus der Alchemie die Chemie entstand.

Mit der bildlichen Darstellung ihrer Ideologie benutzte die Alchemie in gleicher Weise wie die Kirche den damals allgemein üblichen Weg zur Veröffentlichung. Es entsprach dem Geist der Renaissance, dem Geist der Rückbesinnung auf die Antike, daß die Allegorien oft mit Hilfe der griechischen Mythologie verschlüsselt wurden. Und so spielt auch die griechische Götterwelt in diesem Buch eine erhebliche Rolle. Der letzte Teil des Buches befaßt sich mit der Astrologie, weil die neuplatonische Weltsicht der Alchemisten mit der Sterndeutung eng verwoben war.

Bemerkt werden muß noch, daß die Vorstellungswelt der Alchemisten nicht einheitlich war. So liegt es in der Natur der Sache, daß die Interpretation des ausgewählten Bildmaterials nicht den Anspruch auf Übereinstimmung mit allen damals existierenden alchemistischen Auffassungen erheben kann und will. Weil die Sprache der Alchemisten eine mythologische und symbolhafte war, läßt die allegorische Darstellung alchemistischer Prozesse und Denkvorstellungen oft mehrere Deutungsmöglichkeiten zu. In solchen Fällen wurde diejenige Deutung gewählt, die dem Verfasser als die damals am weitesten verbreitete erschien. Zu allen allegorischen Darstellungen kann man also möglicherweise auch andere Interpretationen als die hier vertretenen finden.

Hans Richard Schittny 1999

Das erste Kapitel

berichtet von den Anfängen der Alchemie, die sich irgendwo einerseits in der Welt der Sagen und Mythen andererseits aber im Dunkel der Geschichte verlieren.

Um ihre Philosophie dem Unkundigen verständlich zu machen, bedienten sich die Alchemisten allegorischer Darstellungen; denn indem die Allegorie einen abstrakten philosophischen Begriff bildlich darstellt, kann er dem Unkundigen leichten erklärt werden.

Verschlüsselt wurden allegorische Darstellungen in der Renaissance oft mithilfe der griechischen Götter und antiker Mythen.

Über den Ursprung der Alchemie

Die Anfänge der Alchemie liegen im Dunkeln. Auch der Ursprung des Wortes ist nicht eindeutig geklärt. Einige Forscher leiten es von dem ägyptischen Wort "Khem" ab, das ursprünglich schwarz bedeutete. Andere meinen, Alchemie komme vom griechischen "chyma", dem Wort für den Metallguss.

Hermes Trismegistos mit einer Retote.
Der Spruch sagt::
Laßt uns die 4 Elemente der Natur erforschen.

Der Sage nach ist die Alchemie im alten Ägypten entstanden, wo vor Jahrtausenden Hermes Trismegistos der Vater und Begründer der Alchemie gelebt haben soll. Nach seinem Vornamen Hermes wird die Geheimwissenschaft Alchemie noch heute als die hermetische Wissenschaft bezeichnet. Hermes Trismegistos ist der griechische Name für den ägyptischen Gott Thot. Wahrscheinlich ist dieser im hellenistisch geprägten Ägypten aus dem griechischen Götterboten Hermes entstanden. Hermes Trismegistos - der Dreimalgroße - wurde zum Vater der Alchemie, weil am Anfang unserer Zeitrechnung alexandrinische Mönche unter seinem Namen angeblich alte ägyptische Handschriften in Umlauf gesetzt haben, aus denen die Darstellung des Steines der Weisen, also die Goldmacherkunst, hätte gelernt werden können.

Abgesehen von diesem schwierig faßbaren Mythos, der sich um den Ursprung der Alchemie rankt, finden sich wissenschaftlich gesicherte Hinweise auf die Alchemie erst im hellenistischen Ägypten, wo sich wahrscheinlich im zweiten Jahrhundert nach Christus die von den Griechen importierte neuplatonische Philosophie mit einer gut entwickelten metallurgischen Praxis zur Alchemie vereinigt hat.

Die Alchemie ist seit dieser Zeit definiert durch die neuplatonische Weltsicht als philosophische Basis und die experimentelle Laborarbeit.

Zu den berühmtesten ägyptischen Alchemisten zählte Zosimos von Panopolis, der im dritten Jahrhundert in Alexandria lebte. Er schrieb als erster über jenes
Agenz der Alchemisten, das als der "Stein der Weisen"
bekannt wurde. Dieser sei wertvoll, doch habe er keinen Preis, er sei vielgestaltig, aber ohne eindeutige Form, etwas Unbekanntes, das aber doch jeder kenne. Geringste Dosen davon sollten ausreichen, um größere Mengen von Blei in Gold zu verwandeln. Die Erschaffung von Gold ist jedoch nicht seine einzige magische Eigenschaft. Wer ihn besitzt, erlangt die göttliche Macht, ewiges Leben zu spenden. Wer den "Stein der Weisen" berührt, erlangt Vollkommenheit und wird befreit von allen Gebrechen.

Ein sehr altes Dokument in arabischer Schrift weist auf den Ursprung der Alchemie in Ägypten hin. Der Sinn der Allegorie ist nicht leicht zu deuten. Die mit einer Kette verbundenen Personen könnten chemische Elemente symbolisieren, die unter dem Einfluß von Sonne und Mond von den beiden Alchemisten in der Retorte vereint worden sind.

Erstaunlich ist, daß der Text dieser Schrift schon das Prinzip des chemischen Gleichgewichtes formuliert, das erst 1867 von Guldberg und Waage entdeckt worden und heute unter dem Begriff "Massenwirkungsgesetz" Grundlage aller chemischen Reaktionen ist:

Wisse, daß die Verbindung im Gleichgewicht ist, so daß die Hitze nicht die Kälte überwiegt noch die Trockenheit die Feuchtigkeit. Was sich im Gleichgewicht befindet ist beständig, während die Dinge, die nicht im Gleichgewicht sind, sich verändern.

Hermes Trismegistos wurde auch deshalb zum Vater der Alchemie, weil man annahm, daß er es war, der die Grundsätze der hermetische Philosophie in der Tabula Smaragdina aufgezeichnet hat. In Wirklichkeit ist die Tabula Smaragdina aber erst seit dem neunten Jahrhundert bekannt. Im elften Jahrhundert wurde sie von dem englischen Alchemisten Hortulanus erstmals veröffentlicht. Die Tabula Smaragdina macht grundsätzliche Aussagen über die Mythologie des Steines der Weisen. Die Tafel trug dazu bei, daß der Stein der Weisen in der hermetischen Philosophie als ein überirdisches, mächtiges Wesen aufgefaßt wurde, das alle Kraft und Macht der Welt besitzt und das die Welt verändern wird, wenn es den Alchemisten gelingt ihn herzustellen.

Die kursiv geschriebenen Worte sind Erläuterungen des Verfassers zum besseren Verständnis..

Tabula Smaragdina

"Unumstößlich sicher und wahr ist:

Das Untere (*der Mikrokosmos*) **gleicht dem Oberen** (*dem Makrokosmos*) **und das Obere dem Unteren, deshalb ist die Erde durchdrungen von dem Wunderbaren des Einen** (*von Jahve?*).

Und so wie alle Dinge von dem Einen herrühren und von dem Einen erdacht werden, so werden auch alle Dinge von diesem Einen ausgewählt und in seinem Sinne verändert.

Sein Vater ist die Sonne, seine Mutter der Mond (*Eltern des Steines der Weisen*); **der Wind hat ihn in seinem Bauch getragen; seine Säugamme ist die Erde.**

Er (*der Stein der Weisen?*) **ist der Vater aller Wunderwerke der ganzen Welt. Seine Kraft ist vollkommen, wenn er in Erde** (*in Schwefel und Quecksilber?*) **verwandelt sein wird.**

Scheide die Erde vom Feuer und das Feine vom Groben, sanft und mit großer Vorsicht (*Aus Einem mache Vieles*).

Er (*der Stein der Weisen?*) **steigt von der Erde zum Himmel empor und kehrt von dort zur Erde zurück, auf daß er die Macht des Oberen** (*Makrokosmos*) **und des Unteren** (*Mikrokosmos*) **empfange.**

So wird er (*der Stein der Weisen*) **die Herrlichkeit der ganzen Welt besitzen, und alle Finsternis wird vor ihm weichen.**

Er (*der Stein der Weisen?*) **wird in sich alle Kraft** (*die Kräfte der Natur*) **vereinen, die alles Subtile übertrifft und alles Feste durchdringt.**

Also wurde die kleine Welt (*Mikrokosmos*) **nach dem Vorbild der großen Welt** (*Makrokosmos*) **erschaffen.**

Also werden wunderbare Verwandlungen (*durch den Stein der Weisen*) **sein, deren Regeln hier gegeben sind** (*Transmutation der Metalle*).

Ich werde Hermes Trismegistos genannt, ich bin im Besitz der Weisheit der ganzen Welt.

Vollendet ist, was ich vom Werk der Sonne gesagt habe.

Die neuplatonische Philosophie, die den Kern der hermetischen Philosophie bildet, lehrte die Abhängigkeit des Menschen von den Sternen und - für die Alchemisten besonders wichtig - die Vorstellung vom Einfluß der Planeten auf die irdischen Metalle und den menschlichen Organismus. Ihren Ursprung hat die neuplatonische Philosophie in der babylonische Astrologie, die schon vor sechstausend Jahren den Einfluß der Planeten und der Sternbilder der Ekliptik auf die sublunare, das heißt auf die unter dem Mond liegende, die irdische Welt lehrte. Da waren die Planeten als Götter personifiziert und hatten als solche direkten Einfluß auf die Metalle. Dem entsprechend verbanden die Alchemisten

mit der Sonne das Gold ☉
mit dem Mond das Silber ☽
mit der Venus das Kupfer ♀
mit dem Mars das Eisen ♂
mit dem Merkur das Quecksilber ☿
mit dem Jupiter das Zinn ♃
mit dem Saturn das Blei ♄

Logischerweise hatten die Metalle also mit ihrem Planeten ein gemeinsames alchemistisches Symbol.

Das Bild auf der nächsten Seite ist eine mit besonderem Einfallsreichtum hergestellte Allegorie, die sehr gut geeignet ist, den Ursprung der Alchemie und das Lebensgefühl der Alchemisten in der Renaissance deutlich zu machen.

Der zweigeteilte Kupferstich zeigt rechts im Bild den schon erwähnten historisch umstrittenen Ägypter Hermes Trismegistos als den ältesten Alchemisten des Orients. Auf der linken Seite ist der von einem gewissen Johann Thölde im siebzehnten Jahrhundert erfundene Mönch Basilius Valentinus abgebildet. Er symbolisiert den okzidentalen, den europäischen, Alchemisten. Den zwei sagenhaften Gestalten ist auf dieser Bildkomposition gemeinsam, daß sie von Symbolen umgeben sind, die vor allem auf die heilige Siebenzahl hinweisen. So vereinigen sich auf der Seite des Hermes Trismegistos sieben Orgelpfeifen zu einer Orgel, die, wie man an den alchemistischen Symbolen über den Pfeifen erkennen kann, aus den sieben mit den Planeten korrespondierenden Metallen gefertigt sind. Zu den Planeten zählten damals nicht nur die fünf bekannten Wandelsterne Jupiter, Saturn, Venus, Merkur und Mars, sondern auch die sich ebenfalls am Himmel bewegenden Gestirne Sonne und Mond. Die Allegorie verweist also auf die wichtige Vorstellung, daß jeder Planet ein Metall regiert. Mit den Symbolen der Gestirne über den Orgelpfeifen und dem

Modell des Weltalls in der rechten Hand des Hermes Trismegistos wird die enge Verbindung der Alchemie zur Astrologie deutlich gemacht. Das übergroße Saiteninstrument, das neben Hermes Trismegistos steht, versinnbildlicht die Harmonie, die den Alchemisten durch ihre Arbeit zuteil werden sollte. Die lateinische Inschrift unter dem Instrument sagt:

*"Die heilige Harmonie vertreibt den Geist des Bösen,
denn sie ist eine Medizin gegen die Tollheit des Saturns".*

Der Saturn war und ist nämlich für den, der an die Sterne glaubt, ein Unglücksstern. Als böser Planet wird er oft mit einer Sense, einem Holzbein und einem Kind, das er frißt, dargestellt. Auf dem Bild liegt das für den Saturn und das Blei gemeinsam gebrauchte Symbol auf einem Rost vor dem Feuer, um es mit dem Feuer und der spirituellen Kraft des Alchemisten in ein edles Metall umzuwandeln. Die Alchemisten glaubten, daß sie den bösen Einfluß des Saturns zum Guten wenden könnten, wenn es ihnen gelänge, das saturnische Blei in das mit der Sonne verbundene Gold zu verwandeln. Auf diese Weise glaubten die

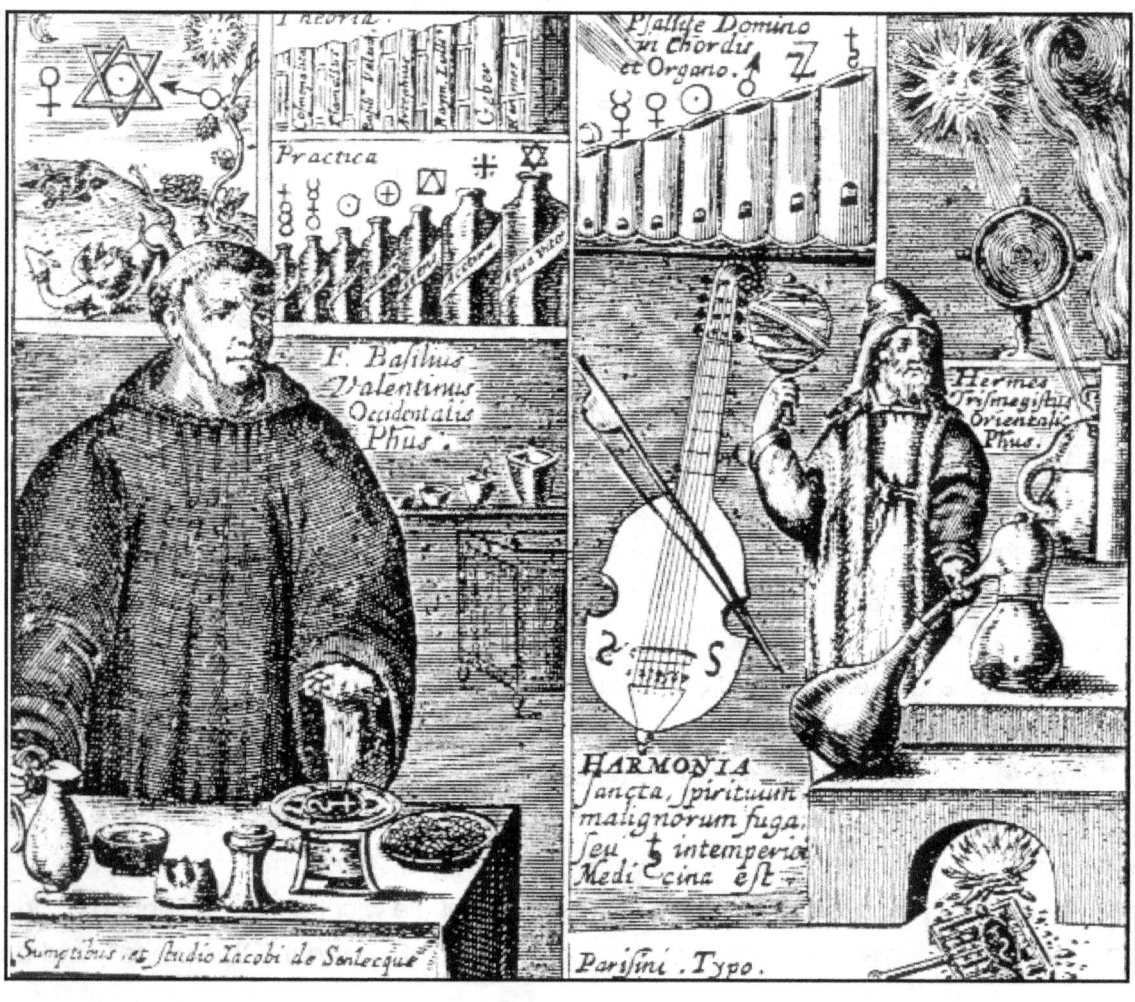

Alchemisten das Böse symbolisch vernichten und die Harmonie wieder herstellen zu können.

Saturn

Hermes Trismegistos befindet sich im Übrigen in einem alchemistischen Labor. Mit der linken Hand berührt er einen Destillierapparat. Es ist dies die von den Alchemisten erfundene Apparatur für den wichtigen Vorgang des Trennens verschiedener Flüssigkeiten. Dem Trennen schrieben sie mystische Kräfte zu. Ein Anachronismus ist die Darstellung der Bündelung der Sonnenstrahlen mittels eines Brennglases, das es im alten Ägypten noch gar nicht gab. Freilich im 17. Jahrhundert, als diese Allegorie erstellt wurde, war dies eine neue und geheimnisvolle Möglichkeit, mit der Sonne ein kosmisches Feuer zu entfachen, um Metalle zu schmelzen beziehungsweise sie zu oxidieren.

Auf der linken Seite des Bildes ist Basilius Valentinus dargestellt. Er ist, wie schon erwähnt, das Pseudonym für den Stadtkämmerer Johann Thölde aus Frankenhausen. Thölde hat hervorragende Schriften zur Alchemie des 17. Jahrhunderts verfaßt. Aber wahrscheinlich aus Furcht, man könnte ihn wegen seiner alchemistischen Schriften seines öffentlichen Amtes entheben, versteckte er sich hinter dem von ihm erfundenen Benediktinermönch Basilius Valentinus.

Thölde will mit der linken Seite des Bildes auf den nach seiner Ansicht hohen Wissensstand der Alchemie zu seiner Zeit hinweisen. Daß Thölde seinen erfundenen Alchemisten Basilius Valentinus einen Mönch sein läßt, erklärt sich ganz sicher daraus, daß Thölde die Alchemie "für ebenso wichtig hielt wie die Religion". Er schreibt:

So wie die Religion im Jenseits, so sollte die Alchemie den Menschen die Erlösung weitgehend schon hier im Diesseits bringen.

Das war die weit verbreitete Ansicht vieler Adepten, besonders aber der Rosenkreuzer, den Fundamentalisten unter den Alchemisten. Zu ihnen bekannte sich auch Thölde. Das besondere Gewicht, das auf beiden Bildern auf die Siebenzahl gelegt wird, kam auch mit Johann Thölde ins Spiel; denn er hat sich mit der Siebenzahl beschäftigt und unter anderem ein in Versen abgefaßtes Werk mit dem Titel "Magisterium septem planetarum" geschrieben. Es ist ein Werk, das die magische Welt der sieben Planeten zum Inhalt hat. Folgerichtig findet man die Siebenzahl auch mehrmals auf dem linken Teil des Bildes. Rechts oben ist das theoretische Wissen der Alchemie in sieben Büchern abgebildet.

Das theoretische Wissen, das sind hier die historischen Überlieferungen von sieben Gelehrten. Sie beginnen mit Hermes Trismegistos und führen über Raymundus Lullus und Geber bis zu Basilius Valentinus, hinter dem sich Johann Thölde versteckt. Die alchemistische Praxis wird unterhalb der Bücher durch sieben Elixiere versinnbildlicht. Man hat wohl mehr willkürlich einige im Labor gebrauchte Stoffe einschließlich des Feuers hier "auf Flaschen gezogen", wie die alchemistischen Symbole über den Flaschen zeigen.

Analog dem Bild des Hermes Trismegistos ist auch auf dem Bild des Basilius Valentinus das Symbol des unglückbringenden Saturn beziehungsweise das Symbol für das Blei zu sehen. Es liegt auf dem Tisch vor Basilius Valentinus in einem Schmelztiegel, wo es offensichtlich der Transmutation zu Gold unterworfen werden soll. Auch hier werden, wie oben schon erwähnt, durch die materielle Umwandlung des Bleis in Gold, die bösen Eigenschaften des Saturn in die positiven des Goldes beziehungsweise der Sonne verwandelt. Dem Eingeweihten - aber auch nur ihm - wird hier gesagt, daß sich hinter den Bildern des Hermes Trismegistos und des Basilius Valentinus eine Beschwörung des Bösen verbirgt.

Das gemeinsames Symbol für Saturn und Blei

Eine Beschwörung des Bösen ist auch noch einmal über dem Kopf des Basilius Valentinus dargestellt. Denn hier ist ein Löwe zu sehen, der einen Drachen tötet. Der Löwe als das Gute, das Starke, tötet den Drachen, der in der Mythologie Europas stets das Böse symbolisiert. Moralische und religiöse Kategorien, wie hier die Bekämpfung des Bösen, waren wichtige Elemente in der Philosophie der Alchemisten; denn die hermetische Philosophie war eine spirituelle, einer Religion nahekommende Weltanschauung.

Links oben im Hintergrund des Mönchs sind magische Zeichen angebracht. So der Siebenstern, der aus zwei sich durchdringenden Dreiecken mit einem Punkt in der Mitte besteht. Dieser Punkt im Zentrum des Sechssterns symbolisiert die siebente Zacke des Sternes und zugleich die Sonne bzw. das Gold. Das Gold, nach dem die Alchemisten suchten, steht damit im Mittelpunkt umgeben von den anderen sechs Planeten bzw. Metallen, die durch die sechs Zacken des Sternes symboloisiert werden.

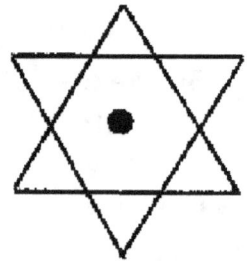

Der Siebenstern

Die beiden sich durchdringenden Dreiecke sind außerdem ein Symbol für die neuplatonische Vorstellung, daß des Makrokosmos, also der Sternenwelt, den irdischen Mikrokosmos mit seinen Kräften durchdringt.

Die beiden Dreiecke sind endlich aber auch ein Symbol für die magische Vernichtung des Feuers durch das Wasser; denn das Dreieck mit der Spitze nach oben symbolisiert das Feuer, das mit der Spitze nach unten das Wasser.

Die alchemistischen Symbole für:

Feuer   **Wasser**

Ein zum Zwecke der Meditation in Kreisen angeordnete Emblem aus "Chemische Schriften" von Basilius Valentinus von 1700 sollte den Alchemisten die Inhalte der neuplatonischen Philosophie vor Augen führen. Die astrologischen Symbole zeigen den Einfluß des Makrokosmos, also den Einfluß der Sternbilder des Tierkreises und den Einfluß der Planeten, auf den Menschen, der hier im Mittelpunkt steht. Der Mensch gehörte wie alles Irdische zum Mikrokosmos.

Mit den Ausgangsstoffen für den Stein der Weisen, nämlich Mercurius (Quecksilber) und Sulphur (Schwefel) sowie Sol (Sonne) für das Gold, nach dem die Alchemisten suchten, wird der Philosoph auf sein "Großes Werk" hingewiesen. Weiter wird der meditierende Alchemist an die Elemente Feuer, Wasser, Luft und Erde erinnert, aus denen der Kosmos aufgebaut war. Dieses Ganze ist eingebettet in die Genesis: Gott schuf Himmel und Erde, Elemente, Tiere, Menschen, Kräuter und Metalle und zierte das Firmament mit Lichtern. Dieser Satz im äußeren Ring des Emblems zeigt: Trotz ihrer Erlösungsvorstellungen durch den Stein der Weisen waren die Alchemisten gläubige Menschen; denn Gott war ja der Schöpfer des Kosmos.

Nach Europa kam die Alchemie im 8. Jahrhundert über das maurische Spanien, wo in Cordoba und später auch in Toledo und Barcelona alchemistische Schulen bestanden. Die Alchemie wurde als Geheimwissenschaft nur von Eingeweihten betrieben, die sich Philosophen nannten. Die vollkommenen Meister in dieser Kunst waren die Adepten, die oft zugleich auch Heilkundige waren. In der Gesellschaft hatten die Alchemisten wegen ihres großen Wissens ein hohes Ansehen.

*

In der ersten Blütezeit der Alchemie am Anfang unserer Zeitrechnung entstand die für die hermetische Philosophie so grundlegende Vorstellung vom Lapis philosophorum, also vom Stein der Weisen, mit dessen Hilfe man die Umwandlung unedler Metalle in Silber und Gold zu bewerkstelligen hoffte.

Ihre zweite Blüte erlangte die Alchemie dann vom 8. bis zum 13. Jahrhundert beginnend mit Abu Musa Dschabir über den Franziskaner Roger Bacon bis zu Albertus Magnus. Damals bildete sich die Schwefel - Quecksilber - Theorie heraus, die man heute für das wichtigste uns überlieferte Phänomen bei der Suche nach dem Stein der Weisen hält, und von der ein großer Teil dieses Buches handelt.

Zu ihrer letzten, zu ihrer Hochblüte, kam die Alchemie dann in der Renaissance. Ihre philosophischen Vorstellungen und praktischen Erfolge befruchteten damals vor allem die Medizin, die Pharmazie und endlich die Chemie, von der die Alchemie am Ende abgelöst wurde.

Die Väter der Alchemie

Sechs hervorragende Philosophen, die über die Jahrhunderte als Alchemisten Bedeutung erlangt und die hermetische Kunst geprägt haben, zeigt das Titelkupfer des auf der Alchemie gründenden medizinischen Werkes "Basilica Chymica", das der Arzt und Paracelsusanhänger Oswald Croll 1608 verfaßt hat. An den Lebensbildern dieser Männer soll die Geschichte der Alchemie in ihren wichtigsten Phasen hier dargestellt werden.

1. Hermes Trismegistos.

Die Reihe der sechs Alchemisten wird natürlich von ihrem schon erwähnten geistigen Vater, dem Ägypter Hermes Trismegistos angeführt, von dem die Alchemie ihren Namen "Hermetische Wissenschaft" hat. Auf den sagenhaften Hermes Trismegistos geht auch unser heutiger Begriff "etwas hermetisch verschließen" zurück; was nämlich heißt, daß etwas so dicht verschlossen wird, wie die Geheimnisse der Alchemie es waren. Hermes Trismegistos werden zwischen dem ersten Jahrhundert v. Chr. und dem dritten Jahrhundert n. Chr. eine Vielzahl von Werken zugeschrieben, die im "Corpus Hermeticum" auf uns gekommen sind. Wer diese wirklich geschrieben hat ist unklar. Historisch gesicherte Nachrichten über die alchemistische Kunst reichen - wie schon berichtet wurde - nur bis ins zweiten Jahrhundert n. Chr. zurück. Im 4. Jahrhundert war es dann der griechische Redner **Themistios Euphrades,** der 360 n. Chr. in seiner achten Rede von der Verwandlung des Kupfers in Silber und Gold spricht. Es erstaunt uns heute, daß Euphrades von dieser erst im Atomzeitalter gelungenen Transmutation der Materie wie von einer ganz bekannten Tatsache berichtet. Auf der Abbildung hält Hermes Trismegistos eine Tafel in der Hand, die auf die neuplatonische Philosophie hinweist, die den geistigen Hintergrund der Alchemie bildete. Der lateinische Text "Quod est superius est sicut id quod est inferius" verkündet "Daß das was oben ist (der Makrokosmos) dem gleicht was unten ist (dem Mikrokosmos)". Diese Aussage hatte für die Alchemie und auch für die mit ihr damals eng verbundene Medizin grundsätzliche Bedeutung. Denn das Regiment des Makrokosmos über den Mikrokosmos galt nicht nur für die Metalle, die man nur unter den für sie günstigen Konstellationen der Gestirne alchemistischen Prozessen unterwerfen durfte. Es galt auch für die Ärzte der Renaissance; denn die Sternbilder des Tierkreises beeinflußten angeblich die Organe des Menschen und damit auch seine Gesundheit.

2. Geber (Abu Musa Dschabir).

Der zweitälteste Vorfahre der Alchemie ist hier Abu Musa Dschabir. Er wurde Mitte des achten Jahrhunderts in Tarsus in Kilikien von griechischen Eltern geboren. Durch sein Studium an der arabischen Schule in Cordoba wandelte er sich zum Araber und schrieb fortan in arabischer Sprache. Die Alchemie war mit den Mauren von Ägypten nach Europa gebracht worden. Später lebte Abu Musa in Sevilla und nannte sich dort Geber. Es ist umstritten, ob das in arabischer Sprache geschriebene alchemistische Werk "Corpus" von ihm verfaßt wurde. Jedenfalls beeinflußte diese "Summa perfectionis" seit dem dreizehnten Jahrhundert die Alchemie. Im Corpus wird die Darstellung von Salzen und der Gebrauch des Quecksilbers beschrieben. Und so ist Geber auch mit einer Schriftrolle in der Hand und mit dem Wahlspruch "In Sole et Sale Naturae sunt omnia", "In der Sonne und dem Salz liegt alles Heil der Natur", abgebildet.

3. Morienes Romanus

Dieser dem geistlichen Stande angehörende von Geburt aus römische Alchemist ist der erste Christ in der Genealogie des Titelblattes. Er lebte im elften Jahrhundert als Eremit in Jerusalem und soll dem Sultan Kalid das Geheimnis der Goldbereitung unter Verzicht auf Lohn - "weil das Geheimnis allein höchster Lohn sei" - mitgeteilt haben. Die chemische Retorte, die er in der Hand hält, soll ihn als Alchemisten ausweisen. Der ihm beigegebene Spruch "Occultum fiat manifestum, et viceversa", "Das Geheimnis soll offenbart und erforscht werden", weist auf die Preisgabe des Geheimnisses der Goldbereitung an den Sultan hin. Von besonderer Bedeutung ist, daß seine Schriften von einem "allheilenden Elixier" mit göttlichen Eigenschaften berichten. Es ist dies vielleicht die erste Erwähnung des Allheilmittels, das man mit dem Stein der Weisen finden wollte und das später unter der Bezeichnung Panacee bekannt wurde.

4. Roger Bacchon.

Der Franziskaner mit dem Beinamen "Doktor mirabilis" wurde 1214 in Ilcherster in der Grafschaft Sommerset geboren. Er war einer der bedeutendsten Alchemisten des Mittelalters. Mit seinen Erkenntnissen war er seiner Zeit weit voraus, wenn er forderte, daß nur Resultate als Wahrheit angenommen werden sollten, die durch das Experiment erlangt wurden. Seltsamerweise führte er aber in seinen Schriften auch Resultate an, die in das Reich der Fabel gehören, so vor allem die Darstellung von Gold und die Herstellung der Panacee, des Allheilmittels. Trotz seiner gut überlegten Experimente schätzt er den "magischen Stein der Weisen als über das Millionenfache wirksamer". So handelt auch der ihm beigegebene lateinische Spruch: "Per elementorum conversionem Ternarius purificatus fiat Monas" von der Umwandlung der Elemente.

Trotz jahrelanger Experimente blieb Bacchons Ziel, Gold zu erschaffen, unerreicht. Aber er entwickelte etwas anderes, das großen Einfluss auf den Lauf der europäischen Geschichte hatte: das Schwarzpulver. Vermutlich war die Rezeptur dafür im neunten Jahrhundert von den Chinesen erfunden worden. Aber das Schwarzpulver wurde in China zunächst nur in der Medizin verwendet. Darauf deutet der Name hin: "hua yao", "feurige Medizin". Erst später wurde das Schwarzpulver für Feuerwerk und militärische Zwecke entdeckt. Der Franziskanermönch Roger Bacchon erwähnt das Schwarzpulver in seinen Werken "Opus amius" und "Opus tertium".

Bacchons Hauptinteresse galt der Verlängerung des menschlichen Lebens mit Hilfe der Alchemie. Er empfahl alchemistische Medikamente aus Blut, Quecksilber und anderen Zusätzen herzustellen. Die medizinische Wirkung sollte durch den Einfluss der Planeten noch verbessert werden.

Bacchons Ruhm verbreitete sich schnell, aber schon bald entstanden Gerüchte, dass er mit dem Teufel im Bunde stehe und einen Zauberspiegel besitze, um in die Zukunft zu sehen. Durch seine alchemistischen Forschungen geriet der Franziskanermönch in Schwierigkeiten mit seinem Orden. 1284 verurteilte ihn der Papst wegen Ketzerei. Der Gelehrte verbrachte den Rest seines Lebens im Kerker.

5. Raymundus Lullius. (Lullus).

Der aus spanischem Geschlecht stammende Franziskanertertiar wurde 1235 in Palma auf Mallorca geboren. Er war Mystiker, Enzyklopädist und Dichter. Seine Ars magna oder Lullische Kunst sollte durch Vereinigung der obersten sachlichen und methodischen Begriffe alle möglichen Wahrheiten ableiten. Noch Leibnitz beschäftigte sich mit dieser uns heute völlig unverständlichen Philosophie. Wichtig ist aber, daß auch er sich der Goldmacherkunst gewidmet hat. Als Symbol hält Lullius in der rechten Hand die Blume mit den drei Blüten, die den Stein der Weisen symbolisieren. Für die Weisheit steht die blaue Blüte. Die rote Blüte steht für die "Rote Tinktur", den eigentlichen Stein der Weisen. Die weiße Blüte steht für die "Weiße Tinktur" auch "Kleines Elixier" genannt. Der Lullius beigegebene Spruch: "Zuletzt versöhnt sich das Wasser mit dem Feuer" beschreibt in der verschlüsselten Sprache der Alchemisten die "Chymische Hochzeit", die bei der Herstellung des Steines der Weisen in mystischer Form stattfindet. Gemeint ist die Vereinigung des flüssigen Quecksilbers als Symbol des Wassers mit dem brennbaren Schwefel, der das Feuer symbolisierte.

6. Theophrastus Paracelsus.

Der letzte und für den Paracelsisten Oswald Croll sicher wichtigste Philosoph in der Reihe seiner Väter der Alchemie ist der 1493 in Einsiedeln in der Schweiz geborene berühmte Arzt Paracelsus. Unzweifelhaft hielt Paracelsus die Ziele der Alchemie, also die Möglichkeit Gold zu machen, für erreichbar; denn er war selbst ein überzeugter Alchemist. Er empfahl aber den Ärzten, nicht nach dem Golde zu suchen, sondern nach den Arcana, den geheimen Mitteln aus der Alchemie. Der Fortschritt, den Paracelsus der Medizin bringt, ist nicht nur die Einführung von Mineralien und Salzen in die Therapie neben den schon immer gebrauchten pflanzlichen und tierischen Drogen. Der eigentliche Fortschritt ist die Aufforderung an die Alchemisten, auch bei der Herstellung von Arzneien nach dem alchemistischen Prinzip des "trenne und füge wieder zusammen" zu verfahren. Dieser Forderung folgend wurde durch Destillieren und Digerieren der eigentliche Wirkstoff pflanzlicher und tierischer Drogen vom Ballast getrennt und so ein Konzentrat von Wirkstoffen gewonnen.

7. Albertus Magnus

Für den geistigen Umbruch, für den Paradigmawechsel vom Mittelalter zur Neuzeit, und ganz besonders auch für das Aufblühen der Alchemie in der Renaissance ist Albert Graf von Bollstädt (1197 - 1280), der als Albertus Magnus in die Geschichte eingegangen ist, von herausragender Bedeutung; denn Albertus Magnus spielte eine entscheidende Rolle bei der Wiederentdeckung der Philosophie des Aristoteles und der griechischen und arabischen Literatur, die im Mittelalter von der Kirche unterdrückt und so in Vergessenheit geraten war. Albertus Magnus hatte erkannt, daß die antike Philosophie von großer Bedeutung für neue Erkenntnisse sein könnte. Und ohne Zweifel die Alchemie hätte sich am Beginn der Neuzeit ohne die Rückbesinnung auf das antike Wissen über die Natur nicht fortentwickeln können. Als Theologe versuchte Albertus Magnus die antike Naturphilosophie mit der christlichen Vorstellungswelt in Einklang zu bringen. Anderseits versuchte der große Visionär aber auch, die Naturwissenschaften unabhängig von der Theologie zu machen. Der vielen Menschen nur als bedeutender Theologe bekannte Albertus Magnus war einer der ersten, der die Naturerkenntnisse der antiken Philosophen nicht nur studierte, sondern sich auch selbst als Naturforscher betätigte. Über das Experiment, dem er als Voraussetzung für eine sichere Naturerkenntnis höchste Priorität gab, schreibt er in seiner Ethica: "Viel Zeit ist erforderlich, um festzustellen, daß bei einer Beobachtung alle Täuschung ausgeschlossen ist. Es genügt nicht, die Beobachtung nur auf eine bestimmte Weise anzustellen. Man muß sie vielmehr unter den verschiedensten Umständen wiederholen, damit die wahre Ursache der Erscheinung mit Sicherheit ermittelt werden kann".

Aus dieser Erkenntnis heraus hat die Alchemie das Experiment zur Grundlage ihrer Forschungen gemacht.

In seinem Buch "De Mineralibus" (über die Minerale) befaßt sich Albertus Magnus mit der Alchemie und der neuplatonischen Lehre. Beispielhaft für die Alchemie untersucht er im dritten Kapitel die materiellen Ursachen zur Bildung der Metalle und auch deren Transmutation (Umwandlung in Gold). Am Ende kommt Albertus Magnus zu dem Schluß, daß von allen Künsten die Alchemie die Natur am besten untersuchen könne. Damit räumt er der Alchemie, die ihr Streben nach neuen Erkenntnissen auf das Experiment stützte, den höchsten Stellenwert innerhalb der damaligen Naturphilosophie ein. Die für seine Zeit ungewöhnlichen Kenntnisse über die Natur und das Experimentieren mit der Natur brachten Albertus Magnus - wie viele andere religiös gebundene Alchemisten - in den Verdacht der Zauberei, wenn nicht sogar der Ketzerei; denn - wie schon erwähnt - war die Kirche der Ansicht, daß sich alle Erkenntnis nur aus dem Wort Gottes speisen könne. Aus den Erkenntnissen über die Natur ergaben sich für Albertus Magnus offensichtlich auch theologische Zweifel, denn er schreibt auch: "Es ist nicht genug zu sagen: Das geschieht durch ein Wunder! Wir müssen Rechenschaft geben."

Mit diesen Erkenntnissen und Forderungen war Albertus Magnus im dreizehnten Jahrhundert seiner Zeit weit voraus. Wäre man auf der Bahn des rationalen Denkens des Albertus Magnus damals weitergeschritten, die Naturwissenschaften hätten sich schon viel früher entwickeln können und die mystische Alchemie wäre schon viel früher in die rational forschende Chemie übergegangen. So aber hat die Alchemie zwar das Experiment zur Grundlage ihrer Forschungen gemacht, und damit auch wirklich einen entscheidenden Beitrag zum Enstehen der Naturwissenschaften geleistet. Jedoch es dauerte noch dreihundert Jahre, bis Männer wie Glauber, Kunkel, Newton (Physiker und Alchemist) oder Gallilei die Welt nicht mehr mittelalterlich, das heißt mystisch, magisch und religiös, also vor allem vom Jenseits her erklärten sondern rational wie heute.

Der Alchemist und Philosoph Michael Maier hat 1617 in seiner "Symbola aureae mensae" auch die Philosophie des Albertus Magnus allegorisch verschlüsselt ins Bild gesetzt. Die Allegorie (vorhergehende Seite) symbolisiert das oben erwähnte Bestreben des Albertus Magnus, Theologie und Naturwissenschaft in Einlang zu bringen.

Als Bischof* symbolisiert Albertus Magnus in dieser seltsamen Bildkomposition die Theologie. Die Naturwissenschaften werden durch einen neben ihm stehenden Hermaphroditen symbolisiert. Das Symbol für den Stein der Weisen war der Hermaphrodit, wie auf Seite 45 noch näher erklärt werden wird. Das Ypsilon in der rechten Hand des Hermaphroditen könnte das Kreuz Christi versinnbildlichen und so Theologie und Naturwissenschaften miteinander verbinden.

*Er war nur sehr kurze Zeit Bischof von Regensburg.

Das zweite Kapitel

ist Lebensbildern berühmter Alchemisten gewidmet. Die sehr verschiedenen Biographien sind exemplarisch für das Suchen der Menschen nach Erkenntnis in dieser Zeit des großen geistigen Umbruchs vom Mittelalter zur Neuzeit.

Die Geisteshaltung, das Lebensgefühl und der Zeitgeist der Renaissance werden hier lebendig.

Sie wollten erkennen,
was die Welt im Innersten zusammenhält

Die Alchemisten, die in der Renaissance in zunehmendem Maße zahlreicher wurden, muß man in zwei Gruppen einteilen. Einmal in die wirklichen Philosophen, die mit ihrer Mythologie vom Lapis Philosophorum (vom Stein der Weisen) tiefere Einsichten in die Wesenszusammenhänge dieser Welt erstrebten und deren Ziel es war, die stoffliche Welt zum Segen der Menschheit zu verwandeln, um so dem Paradies ähnliche Zustände in der Welt zu schaffen. Diese Gruppe von Alchemisten hatte schon sehr ähnliche Ziele wie unsere Forscher heute.

Die andere, die bekanntere Gruppe von Alchemisten, war darauf aus, mit dem Stein der Weisen vor allen Dingen Gold herzustellen. Sie wollte reich werden und Ehre erlangen. Die Gier nach dem Gold, die die Menschen schon immer in ihren Bann geschlagen hatte, war damals so groß wie heute und führte dazu, daß im sechzehnten und siebzehnten Jahrhundert manche Alchemisten sehr hoch im Kurs standen. Sie genossen so viel Vertrauen, daß sie an Fürstenhöfen gegen gute Bezahlung zum Goldmachen angestellt, ja zum Teil sogar unter Zwang in Dienst genommen wurden. Die geheimnisumwitterte Alchemie schlug sogar manchen deutschen Fürsten so in ihren Bann, daß er sich selbst als Alchemist betätigte. Der bekannteste unter ihnen war Kaiser Rudolph II. Er beschäftigte an seinem Hof in Prag um das Jahr 1600 etwa 200 Wissenschaftler, darunter sehr viele Alchemisten, an deren Arbeiten er sich auch selbst aktiv beteiligte. Von den vielen Alchemisten, die es damals gab, wurden einige so berühmt, daß sie in die Geschichte eingingen. So zum Beispiel Franziskus Burrhy und Johann Friedrich Böttiger (Böttger), der über dem Goldmachen das Porzellan erfand. Aber auch Christian Rosenkreuzer muß hier erwähnt werden. Die Biographien dieser drei Alchemisten vermitteln ein ausgezeichnetes Bild vom Geist der Alchemie und damit vom Geist der damaligen Zeit.

Franziskus Burrhy wurde 1625 in Mailand geboren. Als Jesuitenzögling machte er seine ersten Studien am Römischen Seminar. Später ging er an den Römischen Hof, wo er das Studium der Chemie absolvierte. Während dieser Zeit wird er beschuldigt, ein unordentliches und aufrührerisches Leben geführt zu haben, so daß man ihn verfolgte und er sich 1654 genötigt sah, in eine Kirche zu flüchten. Hiernach soll er seinen Lebenswandel geändert und sich der Alchemie verschrieben haben. Noch immer in Rom prophezeite er eine große Reformation, wozu Gott ihn gebrauchen würde, nachdem er den Lapis Philosophorum - also den Stein der Weisen - würde gefunden haben. Diese Aktivitäten und einige der katholischen Lehre widersprechende religiöse Vorstellungen und die Behauptung, er könne durch Handauflegen heilen, brachten ihm den Verdacht der Ketzerei ein. Er verließ Rom und begab sich nach Mailand.

*Bildnis eines forschenden Alchemisten von David Teniers d.J. 1680.
Im Hintergrund Gehilfen, die in einem Tontiegel Metall im Feuer schmelzen.*

Aber auch in seiner Geburtsstadt wurde ihm bald wegen Ketzerei der Prozeß gemacht und er wurde verurteilt - offensichtlich zum Tode; denn der Scharfrichter zu Rom verbrannte am 3. Januar 1661 öffentlich sein Bild. Franziskus Burrhy floh daraufhin nach Straßburg und ging einige Zeit später nach Amsterdam, wo er wegen seiner medizinischen und chemischen Erfolge zu erstaunlichem Ansehen kam.

Als er aber eines Tages wegen verschiedener mißglückter Behandlungen an Patienten in Verruf kam, machte er sich mit einer großen Summe Geldes, die ihm von leichtgläubigen Leuten anvertraut worden war, nach Hamburg auf. Hier nahm ihn die abgedankte dänische Königin Christina unter ihren Schutz. Christina verschwendete auf die Behauptung hin, daß er den Stein der Weisen herstellen könne, eine große Summe Geldes an die Sache des Burrhy. Jedoch ehe er in Hamburg seine Unfähigkeit eingestehen mußte, nahm ihn der dänische König in seinen Dienst nach Kopenhagen, wo er nun auch den Lapis Philosophorum finden sollte. König Friedrich III. glaubte so fest an Burrhy, daß er bei Nyeboder für ihn ein Labor bauen ließ, das später Goldhaus genannt wurde. Mit seinem Helfer Johann Olsen, der sich Homunculus nannte, vollbrachte er dort seine alchemistischen Kunststücke. Wes' Geistes Kind Burrhy war, zeigte sich, als er zur Herstellung des aurum potabile einen goldenen Kolben verlangte. Aurum potabile, das Trinkgold, war das sagenhafte Allheilmittel, von dem man glaubte, daß es die Kräfte des Steines der Weisen in sich vereinigte. Anstatt Gold zu machen, versuchte Burrhy also mit seinem Gehilfen, dem Arzt und Alchemisten Johann Olsen, das Allheilmittel herzustellen. Nach dem Tode des Königs 1670 verließ er Dänemark, um sich der Türkei zuzuwenden. Bei seiner Reise dorthin kam er durch die kaiserlichen Erblande. Er wurde in Goldingen (nomen est omen) gefaßt und nach Wien gebracht. Als dort der päpstliche Nuntius seinen Namen hörte, forderte er die Auslieferung des Ketzers nach Rom. Da Burrhy aber den Kaiser in Wien bei einer Audienz aus einer angeblichen Lebensgefahr rettete, indem er dem Kaiser weisgemacht hatte, daß die Kerzen im Saal vergiftet seien, was der Kaiser ihm glaubte, bat der Kaiser den Papst, Burrhy nicht mit dem Tode zu bestrafen. So kam Burrhy im Oktober 1672 ins Gefängnis nach Rom. Hieraus befreite er sich 1680 nun wieder mit einem anderen Trick. Er heilte den Herzog d'Etrees von einer angeblich gefährlichen Krankheit. Beeindruckt von dieser Tat, ließ ihn Papst Innozenz XI. auf die Engelsburg in Rom bringen, wo Burrhy sich nun nur noch chemischen und medizinischen Arbeiten widmete und Bücher schrieb. Unter anderem erfand er dort den später in einige Arzneibücher aufgenommenen "Balsamus vulnerarium Burrhy". Er starb 1695 im 79. Lebensjahr.

Franziskus Burrhy war also unter den Alchemisten der Typ des Goldmachers, der Typ des Scharlatans, der ganz sicher wußte, daß er die Leute betrog. Er gehörte nicht zu den ernsthaften Alchemisten, zu den Adepten. Dieser begegnet uns als Philosoph in dichterischer Vollkommenheit in Goethes Faust. Mit der Figur des Doktor Faustus zeichnet Goethe ein großartiges und historisch richtiges Bild eines Adepten, so wie wir ihn aus der Renaissance kennen. "Habe nun ach! Philosophie, Juristerei und Medizin und leider auch Theologie durchaus studiert mit heißem Bemühn" läßt Goethe den Faust sprechen. Faust,

der Hochstudierte, will das Wesen und die Wesenszusammenhänge dieser Welt verstehen, wenn er sagt:

"daß ich erkenne, was die Welt im Innersten zusammenhält, schau alle Wirkungskraft und Samen und tu nicht mehr in Worten kramen".

Daß Faust damit nicht weit kommt und den Stein der Weisen nicht finden kann, ist sicher auch die Erfahrung der damaligen Adepten gewesen. Auch sie hätten mit Goethe sagen können:

"Da steh' ich nun, ich armer Tor, und bin so klug als wie zuvor".

Rembrandt zeigt den Faustischen Philosophen mit dem kabbalistischen Buchstabenrätsel.

Ähnlich dramatisch wie das Leben des Alchemisten Burrhy verlief auch das Leben des noch bekannteren Alchemisten Johann Friedrich Böttiger, der uns als Erfinder des Porzellans besser bekannt ist in der Schreibweise Böttger.

Böttger wurde 1681 in Schleitz geboren. Mit fünfzehn Jahren trat er in die Zorn'sche Apotheke in Berlin als Lehrling ein. Zorn war nicht nur Apotheker, sondern vor allem auch ein engagierter Alchemist, der intensiv in Alchemistenkreisen verkehrte. Von einem dieser Alchemisten mit Namen Laskaris erhielt der sehr wißbegierige Böttger ein Fläschchen Goldtinktur, von der Laskaris behauptete, daß er damit schon selbst Gold gemacht hätte.

Als bekannt wurde, daß Böttger im Besitz des Geheimnisses sei, Gold machen zu können, versuchte Friedrich I. von Preußen den Goldmacher einfangen zu lassen. Der aber hatte Wind davon bekommen und floh nach Sachsen, wo er im Beisein des Fürsten zu Fürstenberg tatsächlich Gold herstellte. Der Fürst führte nun den jungen Adepten zu König August (den Starken) nach Warschau, wo er die Goldproduktion vor des Königs Augen wiederholen sollte. Aber die von Laskaris erhaltene Tinktur, die wohl selbst eine Goldlösung gewesen war, war zu Ende.

Böttger versuchte zu fliehen, wurde aber eingefangen und auf dem Königstein gefangen gehalten. Dort experimentierte er, um die schwierige Aufgabe zu lösen Gold zu machen.

Er entdeckte zwar keine Goldtinktur, wohl aber das nachher so berühmt gewordene weiße Gold, das Porzellan. Daraufhin wurde Böttger aus seiner Haft entlassen und als Direktor der neu errichteten Meißner Porzellanfabrik angestellt. Er behielt diese Stelle bis zu seinem Lebensende. Böttger war der letzte Alchemist, der ehrlich daran geglaubt hatte, daß man Gold machen könne. Alchemisten, die im 18. Jahrhundert dann noch auftauchten mit der Behauptung, sie könnten Gold herstellen, behaupteten dies gegen besseres Wissen. Die Zeit der Alchemie war vorbei. Wer wirklich chemische Kenntnisse besaß, ließ sich kaum mehr auf die Goldmacherei ein. Er befaßte sich mit der damals zur exakten Wissenschaft avancierten Chemie.

Johann Friedrich Böttger.
Erst vor einigen Jahren kam bei einer Reinigung des Bildes der Namenszug "J. Fr. Böttger Alchemist" zum Vorschein. Die Gesichtszüge sollen dem Dargestellten entsprechen.

Eine besonders strenge esoterische Richtung in der Alchemie vertraten die Rosenkreuzer, deren Philosophie mit Missionscharakter sich bis heute erhalten hat. Die Rosenkreuzer folgten den Lehren eines Christian Rosenkreuz, der angeblich 1378 auf seinen Wanderungen im heiligen Land und in Ägypten tiefe Einblicke in Geheimwissenschaften genommen hatte. Heimgekehrt sammelte er - entsprechend der geheimen Siebenzahl - sieben Jünger um sich, denen er seine Geheimnisse anvertraute. Sie zogen im Lande umher, um Anhänger für ihre weltbeglückenden Lehren zu suchen. Zweck ihres Ordens war die Verminderung menschlichen Elends durch die Einführung einer "wahren Religionsphilosophie" und durch ein sittenreines Leben. Als reine Philosophen entsagten die Rosenkreuzer zunächst jeder praktischen alchemistischen Tätigkeit im Laboratorium. Allein durch Meditation wollten sie das Wesen und die Wesenszusammenhänge der Welt verstehen. Mit diesen Einsichten glaubten sie Unverstand, Armut und Krankheit aus der Welt schaffen zu können. Im Geheimen haben sich die Rosenkreuzer dann aber doch mit der praktischen Goldmacherkunst befaßt. Zur Begründung sagten sie, "daß es für die wahren Philosophen - wofür sie sich selbst offensichtlich hielten - eine Kleinigkeit sei, Gold zu machen". Mit dem so gewonnenen Gold, hofften sie, die Armut beseitigen zu können.

Der Rosenkreuzer in seinem Tempel, so könnte man den Kupferstich bezeichnen, der 1609 nach einem verschollenen Gemälde von Hans Vredeman de Vries angefertigt wurde und der sich in dem Buch "Amphitheatrum sapientiae aeternae" (Darstellung der ewigen Weisheit) von Heinrich Khunrath erhalten hat.

Unter den Alchemisten waren die Rosenkreuzer freilich nur eine besonders strenge, metaphysisch überhöhte "Sekte", die den übrigen Alchemisten in vielem sehr ähnlich war; denn alle Alchemisten verbanden ihre Arbeit mit dem Metaphysischen und meditierten in der Art der Rosenkreuzer, wenn sie das große alchemistische Werk zu vollbringen versuchten, wenn sie versuchten, den Stein der Weisen in ihrem Labor zu präparieren. Den Rosenkreuzern nahe standen so berühmte hermetische Philosophen wie Michael Maier und Robert Fludd. Einige ihrer Allegorien werden im folgenden noch behandelt.

Ein Kupferstich (vorhergehende Seite) aus der Hochblüte der Alchemie vermittelt die hier angesprochene Spiritualität der Rosenkreuzer. Der Philosoph versetzte sich vor einem Altar in eine Art Trance, in mystische Versenkung, die einem Gebet, ja einem Gottesdienst, gleichkam. Auf diese Weise glaubten die Philosophen in geistige Dimensionen vordringen zu können, die ihnen neue Erkenntnisse über sich selbst und über das Wesen der Welt vermitteln würden.

Sehr aufschlußreich für die hermetische Philosophie ist eine Tafel, die über dem Altartisch hängt. Auf ihr steht der richtungsweisende Satz für das Denken der Alchemisten am Beginn der Neuzeit:

"Rühme nicht das Licht, ohne Gott zu rühmen"

Mit dem Licht, das nicht gerühmt werden soll, ohne zu gedenken, daß es von Gott kommt, ist die Erleuchtung gemeint, die jedem Alchemisten zuteil wird, der das Wagnis unternimmt, die Natur zu erforschen. Ganz deutlich wird hier der Gegensatz zur Kirche, die das Erforschen und vor allem das Experimentieren mit der Natur verboten hatte. Denn die Kirche meinte, die Gläubigen brauchten keine tieferen Einsichten in das Wesen dieser Welt und keinen geistigen Fortschritt. Die Heilige Schrift enthielt - nach Meinung der Kirche - die volle und ganze Wahrheit, der nichts hinzuzufügen war.

Die Alchemisten der Renaissance befreiten sich ganz bewußt von diesem kirchlichen Verbot; denn sie hatten damals im geistigen Umbruch vom Mittelalter zur Neuzeit wohl mehr geahnt, als wirklich schon erkannt, daß man mit der Erforschung der Natur mehr über das Wesen der Welt erfahren kann als mit dem althergebrachten theologischen Wissen und dem reinen Philosophieren über die Welt. Damit standen die Alchemisten der Renaissance in der Tradition des Sokrates, der schon im 5. Jahrhundert vor Christus zu Glaukon, dem Bruder Platons sagte:

"Es muß doch bei uns gelten:
Wir, die wir nach dem Wesen der Weisheit forschen wollen, haben stets von ganzem Herzen eine Erweiterung unserer geistigen Sicht anzustreben, damit wir immer etwas mehr von jener Wirklichkeit begreifen, die ewig ist und nicht dem Wandel und Vergehen unterworfen."

Nicht dem Wandel und dem Vergehen unterworfen sind die Gesetze der Natur. Um diese zu erforschen haben die Alchemisten der Renaissance das Wissen der Antike und das Experiment eingesetzt. Und indem sie das Experiment zur Grundlage ihrer Arbeit machten, haben sie den Naturwissenschaften den Weg bereitet.

Vor kirchlichen Sanktionen bewahrte sich die Alchemie, indem sie ihre Wissenschaft geheim hielt. Die Befreiung von der Bevormundung der Amtskirche bedeutet aber nicht, daß die Alchemisten Ungläubige gewesen wären. Sie waren Christen. Dies macht der mit dem Kreuz gekrönte Baldachin deutlich, der auf dem Bild auf Seite 31 den Altar überspannt. Er trägt die Worte: "Glücklich ist, wer Gottes ("Jahwe") Rat befolgt". Gottes Rat, so glaubten die Alchemisten, war ganz besonders auch bei der Erforschung der von Gott geschaffenen Natur zu finden. Das Wort Laboratorium auf dem Baldachim, das sowohl das Wort laborare für arbeiten als auch orare für beten enthält, deuteten die Adepten als einen christlichen Weg für das große Werk. In diesem Sinne ist es für die ambivalente Philosophie der Alchemisten bezeichnend, daß auf dem Altar einerseits ein Buch mit magischen, also heidnischen Zeichen aufgestellt ist, andererseits daneben aber auch ein Buch steht, das sagt: "Gottes Wille geschehe". Auch der Weihrauch, der links aufsteigt, ist zur Ehre Gottes gedacht. Typisch alchemistische Aussagen, die das Experiment betreffen, sind rechts im Laboratorium zu sehen. Ein Kasten mit Phiolen und Gefäßen, deren Inhalt zur Reife gebracht werden soll, weist auf den experimentellen Weg zur Herstellung des Steines der Weisen hin. Und das "Eile mit Weile" auf einem anderen Gefäß erinnert den Adepten daran, daß der Stein der Weisen sich nur in einem sehr langsam ablaufenden chemischen und zugleich mystischen Prozeß zur Reife entwickelt. Endlich weisen Musikinstrumente auf dem Tisch wieder auf die Harmonie hin, die der Adept durch seine Arbeit und sein Meditieren gewinnt. Musikinstrumente sind ein beliebtes Symbol, die Harmonie zu versinnbildlichen. Wir begegneten ihnen anfangs schon bei Basilius Valentinus . Es hieß dort: So wie "die heilige Musik die Sorgen und die bösen Geister verjagt".

Daß die Fundamente zur Erweiterung der geistigen Sicht Ratio und Experientia, also der rechnende Verstand des Menschen und das Experiment sind, ist an den Fundamenten der Säulen des Kamins deutlich gemacht. Weit im Hintergrund führt der Weg aus dem Labor ins Licht der Sonne zum entfernten Ziel.

Die Erforschung der Natur

Das eigentliche Anliegen derjenigen Alchemisten, die sich als Philosophen verstanden, war die Erforschung der Natur. Mit ihren Experimenten, die begleitet waren von Meditation, versuchten sie in ihren Laboratorien neue Erkenntnisse insbesondere über die Kräfte zu erlangen, die in der Natur wirken. Mit der Konzentration dieser Naturkräfte, hofften sie nicht nur Gold herstellen, sondern auch das Allheilmittel finden zu können, das Allheilmittel, das die Menschheit von allen Krankeiten heilen, ja sogar vom Tod würde erlösen können. Nicht zuletzt hofften sie auf diesem Wege "zu erkennen, was die Welt im Innersten zusammenhält", wie Goethe es seinen Philosophen, den Alchemisten Faust, sagen läßt.

Damals am Beginn der Neuzeit war es ein wegweisender Fortschritt, daß die Alchemisten wenigstens schon geahnt haben, daß nicht nur religiöse Wege, wie die Kirche sie aufzeigte, oder eventuell auch magische Wege zum Verstehen des Wesen dieser Welt führen können, sondern daß auch die Erforschung der Natur neue Erkenntnisse bringen kann, und zwar nie geahnte.

Welch' grundsätzliche Bedeutung die Natur für die Experimente der Alchemisten hatte, zeigt eine sehr schöne Allegorie, die der Hofmaler der Margaretha von Österreich Jahan Perreal 1516 als Miniatur geschaffen hat (nächste Seite).

Die Natur verbirgt sich hier allegorisch hinter einer durch Flügel als himmlisches Wesen gekennzeichnete Jungfrau, die nackt ist, wie die Natur sie geschaffen hat. Der Alchemist, herausgetreten aus der Enge und dem Dunkel seines Laboratoriums, befragt die Natur nach dem mystischen Weg, der zum Stein der Weisen führt. Er weiß, daß er dem Rat der Natur folgen muß, um ein tieferes Verständnis vom Wesen dieser Welt zu gewinnen.

Die Krone mit den sieben Planetenzeichen auf dem Kopf des himmlischen Wesens weist auf den Makrokosmos hin, von dem die Alchemisten entsprechend der neuplatonischen Lehre meinten, metaphysische Kräfte beziehen zu können. Insbesondere der Stand der Planeten und die Planetenstunden mußten bei der Arbeit im Laboratorium berücksichtigt werden; denn jeder Planet regierte - wie schon erwähnt - jeweils ein Metall. Dazu kam der Glaube, daß Gott über den Einfluß der von ihm geschaffenen Gestirne das Schicksal der Welt lenke.

Allegorisch verschlüsselt dargestellt sind auch die vier Elemente, aus denen man sich die Welt damals zusammengesetzt vorstellte. Mit dem Feuer, das unten im Baum der Erkenntnis brennt, wird angedeutet, daß mit dieser elementaren Kraft das Eindringen in die Geheimnisse der Natur zu erreichen sei. Indem die "Natur" mit dem rechten Fuß die Erde berührt, weist sie auf die prima materia hin, die den Urgrund aller chemischen Sfoffe bildete. Der See im Hintergrund symbolisiert das Element Wasser, das wichtigste Menstrum, das die Alchemisten zum Lösen ihrer Stoffe brauchten. Endlich ragt in das Element Luft die

Der Alchemist befragt die Natur. Miniatur von Jehan Perreal 1516

weiße Blume der Weisheit, die aus den mit den Worten "OPUS - NATURAE" beschrifteten Zweigen hervorbricht. Das heißt die Blume der Weisheit kann nur erblühen aus dem Experiment mit der Natur.

Auch eine sehr eindrucksvolle Allegorie aus der Atalanta Fugiens von Michael Maier aus dem Jahre 1618 ist dem Befragen der Natur gewidmet.

Mit dem Stab der Vernunft, mit der Brille der Erkenntnis, der Lampe der Erleuchtung führt die Natur dich aus dem Dunkel ins Licht.

Aus dem Dunkel der Unwissenheit, aus dem Dunkel der Magie und Mystik kommend, folgt der Alchemist den Spuren der Natur. Diese schreitet als eine selbstbewußte, wissende Frau in der Fülle ihrer Kraft einher, während der Adept ihr in demütiger Haltung folgt. Der Adept ist ausgerüstet mit den Symbolen seiner Forschung, mit "Stab, Bryllen und Lampen", wie Michael Maier sagt.

Das dritte Kapitel

handelt von der Prima Materia, dem Urgrund, aus dem alles entsteht. Diese Vorstellung war ein zentrales Geheimnis der hermetischen Philosophie.

Mit der Geburt von Schwefel und Quecksilber aus der Prima Materia begegnet uns der Stein der Weisen jetzt ganz konkret als ein metaphysisches Wesen.

Die Prima Materia - Urgrund der Stoffe

Die Philosophie der Alchemisten gründete - wie schon erwähnt - unter anderem auf der Vorstellung, daß der Kosmos aus den vier Elementen Feuer, Wasser, Luft und Erde aufgebaut sei. Eines dieser Elemente, die Erde, hielten die Alchemisten für den Urgrund, für die prima materia, aus der alles entsteht. Die Erde war fruchtbar für das Hervorbringen von Pflanzen, für die Geburt kleiner Lebewesen, die man durch "Urzeugung" entstanden glaubte. Insbesondere aber waren Erde und Gestein auch fruchtbar für das Wachsen der Metalle, für das Wachsen des für die Alchemie so wichtigen Schwefels, Quecksilbers und Salzes. Kurz: die Erde war fruchtbar für alle Stoffe, die man auf und in ihr findet. Das folgende Bild und der dazu gehörende Text machen diese Vorstellungen der hermetischen Philosophen deutlich.

"Und diese Prima Materia wird in einem Berg gefunden, der eine ungeheure Anzahl erschaffener Dinge enthält. In diesem Berg ist jede Art von Wissen zu finden, die es gibt auf der Welt. Keine Wissenschaft oder Kenntnis, kein Traum oder Gedanke, der darin nicht enthalten wäre."

Die beiden Knappen verkörpern Seele und Geist.

Auf dem Bild unten sind Bergknappen damit beschäftigt, die Stoffe, die zur Herstellung des Lapis philosophorum gebraucht werden, aus der prima materia, aus dem Gestein eines Berges, zu gewinnen. Der rote Knappe symbolisiert den Schwefel, der schwarze das Quecksilber.

Der Pelikan, der seine toten Jungen mit seinem Blut wieder zum Leben erweckt, ist Sinnbild für die Erlösung der Menschheit durch den Stein der Weisen, der aus dem hier gefundenen Schwefel und Quecksilber entstehen soll.

Die Knappen waren wegen ihrer Kleinwüchsigkeit wahrscheinlich das Vorbild für Schneewittchens sieben Zwerge, deren Anzahl auf die sieben Metalle hinweist, die man sich als "die sieben Materie gewordenen Planetenkräfte" vorstellte.

Der Glaube an das Wirken überirdischer Naturkräfte in der prima materia war für die Alchemie von grundlegender Bedeutung. Denn diese Vorstellung gipfelte darin, daß die Metalle, vor allem die Edelmetalle Gold und Silber, nicht von Anfang an im Gestein vorhanden gewesen seien, sondern daß sie sich dort erst über Jahrhunderttausende aus unedlen Metallen in einer Art Evolution gebildet hätten, und zwar unter der Einwirkung eben derjenigen Naturkräfte, die in der Erde auch die Verwesung (lat. putrefacio) bewirken.

Von diesem Gedanken leiteten die Alchemisten ihre große selbst gestellte Aufgabe ab. Sie wollten die Naturkräfte, die in der Erde wirken, aus dieser gewinnen und in einer Tinktur konzentrieren, um dann mit diesem Konzentrat an Naturkräften aus unedlen Metallen Gold zu machen. Eine solche Tinktur wäre der Stein der Weisen, wäre der legendäre Lapis philosophorum gewesen, nach dem die Alchemisten so verzweifelt gesucht haben.

Im Einzelnen glaubten die Alchemisten, daß sich in einer solchen Tinktur die Kräfte der Natur in einer geringen Menge Goldes konzentrieren würden. Das gelöste Gold, durch das die Tinktur übrigens hätte rot gefärbt sein müssen, würde wie ein Ferment wirken, wie ein Same, der eingepflanzt in die Schmelze eines unedlen Metalls - wie zum Beispiel Blei - dieses sofort in Gold verwandeln würde. Das ersehnte sagenhafte Goldmachen im Laboratorium wäre also ganz einfach durch Benetzen der Schmelze eines unedlen Metalls mit der roten Goldtinktur zu erreichen gewesen.

So wie die Alchemisten glaubten, mit der roten Tinktur unedle Metalle zu Gold transmutieren zu können, so glaubten sie auch, daß man mit einer weißen Tinktur unedle Metalle in Silber verwandeln könnte. Die weiße Tinktur wäre eine Vorstufe bei der Herstellung auf dem Wege zur roten Tinktur gewesen. Es galt also, entsprechend dem gewünschten Endprodukt das richtige Ferment, den richtigen Samen, zu finden. Die weiße Tinktur wäre also das Ferment zur Herstellung von Silber, die rote das Ferment zur Herstellung von Gold gewesen. Von der roten Tinktur glaubten die Alchemisten außerdem, daß sie auch das Allheilmittel sein würde, das die Menschheit nicht nur von Krankheit, sondern auch vom Tod würde erlösen können.

Die Allegorie auf der nächsten Seite setzt ganz konkret ins Bild, wie man sich das Entstehen von Schwefel und Quecksilber im Innern der Erde durch einen Prozeß der Verwesung vorgestellt hat. Die Verwesung als eine Kraft der Natur, die in der Erde wirkt, ist hier durch zwei Rauchwolken symbolisiert. Schwefel und Quecksilber sind durch ihre alchemistischen Symbole dargestellt.

Schwefel   Quecksilber

Die Alchemisten glaubten, daß diese beiden Stoffe die chemischen Eltern des Steines der Weisen sein könnten. Jedenfalls haben sie in ihren Laboratorien immer wieder versucht aus Schwefel und Quecksilber den Stein der Weisen zu gewinnen. Nach dem Gesetz des "Stirb und Werde" hielten sie diese in der Erde entstandenen Stoffe für "lebend" und damit für geeignet zur Herstellung des Steines der Weisen.

Darstellung der Geburt der Metalle von einem "anonymen teutschen Philosopho" 1423.

Oben auf dem Berg sieht man denn auch einen Gehilfen des Alchemisten, wie er aus Schwefel und Quecksilber den Stein der Weisen mittels eines sehr starken Feuers zu bereiten versucht. Der hochgelehrte Adept im Vordergrund weist würdevoll mit dem Finger der linken Hand auf das dort dargestellte Geheimnis seines Wissens, das er in einem Buch bei sich trägt.

Die Geburt von Schwefel und Quecksilber aus der prima materia, wie sie hier dargestellt ist, hielten die Alchemisten für die erste Stufe auf dem Wege zum Stein der Weisen.

Dazu sagt Morienus, der römische Alchemist, der im elften Jahrhundert das Geheimnis der Goldbereitung unter Verzicht auf Lohn dem Sultan Kalid mitteilte, weil das Geheimnis allein schon höchster Lohn sei: Die, die der Natur folgen wollen, die sollen nicht Quecksilber allein nehmen, sondern Quecksilber und Schwefel miteinander vermischen. Sie sollen solches Quecksilber und solchen Schwefel nehmen, der aus der Natur frisch gewonnen wurde. Denn die in der Natur entstandenen Stoffe haben schon das vollbracht, was die Kunst (im Labor) zur Vollkommenheit führt, nämlich zum Stein der Pilosophie.

Die Zeugung und Geburt des Steines der Weisen

Die zweite Stufe auf dem Wege zum Stein der Weisen verbirgt sich hinter den Symbolen einer Allegorie von Johann David Mylius aus dem Jahre 1628 mit dem Titel Coitus (rechte Seite). Die Alchemisten glaubten an eine mystische Zeugung und eine mystische Geburt des Steines der Weisen; denn sie hielten den Lapis Philosophorum für ein überirdisches, mystisches Wesen. Wie schon erwähnt, versuchten sie den Stein der Weisen insbesondere aus Schwefel und Quecksilber zu bereiten. Diese beiden Stoffe hatten eine besondere Qualität. Die Alchemisten sahen in der chemischen Verbindung von Schwefel und Quecksilber die Vereinigung zweier entgegengesetzter, eigentlich unvereinbarer Prinzipien, nämlich die magische Vereinigung des Wassers mit dem Feuer. Das flüssige Quecksilber symbolisierte dabei das Wasser, der brennbare Schwefel das Feuer.

Dieser mystische Hintergrund im Verein mit den außergewöhnlichen Eigenschaften von Quecksilber und Schwefel und die Tatsache, daß man diese Stoffe gediegen in der Natur findet, ist wahrscheinlich der Grund dafür, daß die Alchemisten schon sehr früh in ihrer Geschichte - nämlich im achten Jahrhundert - diese Stoffe vor allen anderen zur Herstellung des Steines der Weisen für geeignet hielten. Die Bezeichnung "Coitus", die Mylius seiner Allegorie gegeben hat, beweist, daß viele Alchemisten die Vorstellung hatten, der Stein der Weisen müsse ein lebendes Wesen sein, das aus einem Koitus, einer Art chemischer Hochzeit, geboren werden müsse.

Typisch für die dem Symbol verhaftete Geheimwissenschaft Alchemie ist die große Zahl allegorischer Zeichen, die Mylius für das Mysterium der chemischen Hochzeit in seiner Allegorie verwendet. So sehen wir das männliche Prinzip zunächst als alchemistisches Geheimzeichen für Schwefel links neben dem Hals der Retorte. Außerdem wird das männliche Prinzip noch durch die Sonne als Vater (Pater eius Sol) sowie als König dargestellt. In gleicher Weise wird das weibliche Prinzip symbolisiert. Es ist ebenfalls zusätzlich zu dem alchemistischen Geheimzeichen für Quecksilber rechts neben dem Hals der Retorte noch durch den Mond als Mutter (Mater eius Luna) sowie als Königin versinnbildlicht.

In den lateinischen Sprüchen oberhalb der beiden Königsfiguren wird das gesagt, was die Allegorie versinnbildlicht, nämlich daß aus dieser Verbindung ein außergewöhnlicher Sohn hervorgehen wird. Der König spricht:

> **"Komm, meine Auserwählte, wir mögen uns umarmen und hervorbringen einen neuen Sohn, der nicht den Eltern ähnlich sein wird".**

und die Königin spricht:

> **"Siehe ich komme zu Dir und bin bereit, zu empfangen den Sohn, der in der Welt seinesgleichen sucht".**

Der Stein der Weisen, Allegorie aus dem Rosarium philosophorum von 1550

Das ist also der Stein der Weisen: der Sohn, der in der Welt seinesgleichen sucht. Die Krallenfüße, die aus dem Berg herausschauen, gehören zu einem im übrigen nicht sichtbaren Drachen, der die prima materia symbolisiert. Aus ihr wird im Innern des Berges der "lebende" Schwefel und das "lebende" Quecksilber geboren.

In der Vorstellungswelt der Alchemisten war der Stein der Weisen also ein metaphysisches, ein geistiges Wesen, das in der Symbolsprache der Philosophen als Hermaphrodit (unten) abgebildet wurde; denn als überirdisches Wesen konnte der Stein der Weisen kein

Der Stein der Weisen, aus Rosarium Philosophorum 1550

Geschlecht haben. Er war männlich und weiblich zugleich. Auf dem Bild wird seine Außerordentlichkeit durch eine Königskrone und seine Transzendenz durch Flügel symbolisiert. Die vier Schlangen sollen die dem Stein der Weisen innewohnenden Kräfte der Natur versinnbildlichen. Wahrscheinlich symbolisieren die Schlangen im Kelch die Elemente Erde, Wasser und Luft, während die Schlange in der linken Hand das Feuer symbolisiert. Das Element Feuer war bei den chemischen Versuchen der Alchemisten sehr wichtig, da aus der Magie des Feuers alle Kraft zur Veränderung kam. Was man ins Feuer wirft verbrennt, schmilzt oder verdampft.

Der dreiköpfige Drache, auf dem der Hermaphrodit steht, versinnbildlicht wiederum die Erde als den Urgrund, als die prima materia, aus der unter anderem die für die Alchemisten so wichtigen drei Stoffe Schwefel, Quecksilber und Salz geboren wurden. Diese drei Stoffe werden hier durch drei Drachenköpfe symbolisiert.

Der Pelikan, der seine toten Jungen mit seinem Blut wieder zum Leben erweckt, steht auch hier wieder für das Erlösungsprinzip durch die rote Tinktur, die gleich dem Blute des Erlösers die Menschheit von Krankheit und Tod erretten sollte.

Der astrologische Bezug zum Gold wird in dieser Allegorie durch den Sonnenbaum und den Löwen hergestellt. Die Sonne wurde gleichgesetzt mit dem Gold. Ihr astrologisches Haus ist das Sternbildes des Löwen. Als mächtiges Tier war der "Rote Löwe" aber auch selbst Sinnbild des Steines der Weisen.

Interessant auf diesem Bild ist der handschriftliche Zusatz: "perfectionis ostensio", der wohl schon in alter Zeit von einem Weisen hinzugefügt worden ist, der dieses Bild zur Meditation benutzt hat. Die zwei lateinischen Worte besagen: "Die Vollendung wird hier augenfällig gezeigt". Unter der "Vollendung" wurde in der hermetischen Philosophie immer der Stein der Weisen verstanden. Insofern kann kein Zweifel daran bestehen, daß es sich bei diesem Bild um eine allegorische Darstellung der Steines der Weisen handelt. Die Deutung der Figur als Merkur, die man in der Literatur auch findet, ist also wohl nur insofern zutreffend, als daß es auch Alchemisten gab, die Merkur zum Symbol für den Stein der Weisen machten.

Die Vorstellungen von der prima materia und vom Stein der Weisen, wie sie hier dargestellt worden sind, zeigen die Verquickung von irrationalem und rationalem Denken der Menschen am Beginn der Neuzeit. Rational und für die damalige Zeit neu ist die Vorstellung der Alchemisten, daß der Mensch versuchen sollte, die Naturkräfte zu nutzen, um die Materie chemisch zu verändern und so für die Menschheit nutzbar zu machen. Irrational dagegen ist die Vorstellung, vom transzendenten Wesen, das der Stein der Weisen sein sollte, und die Vorstellung, man könnte die Kräfte der Natur so einfach aus der Erde gewinnen und durch Meditation beeinflussen.

Die "Chymische Hochzeit" und die "Geburt" des Steines der Weisen von Michael Maier aus der Schrift "Atalanta fugiens".

Ein weiteres Bild, das die "Chymische Hochzeit" zum Thema hat, sie aber allegorisch ganz anders darstellt, ist in der Schrift "Atalanta fugiens" von Michael Maier aus dem Jahre 1618 enthalten. Michael Maier war ein esoterischer Alchemist, der also vor allem nach Erkenntnis trachtete. Entsprechend seiner tiefgründigen Philosophie sind seine Bilder und Texte sehr symbolträchtig. Die oben abgebidete Allegorie zeigt drei aufeinanderfolgende Ereignisse:

1. Die Chymische Hochzeit,
2. Die Geburt des Steines der Weisen
3. Den Stein der Weisen selbst.

Auf der rechten Seite des sehr schön ausgeführten Kupferstichs ist ganz unverblümt die Chymische Hochzeit als ein Koitus zwischen den Eltern des Steines der Weisen zu sehen. Sonne und Mond vollziehen hier als die mystischen Eltern des Steines der Weisen in inniger Umarmung die geschlechtliche Vereinigung. Der Koitus symbolisiert die chemische Vereinigung des Schwefel mit dem Quecksilber, den die Alchemisten in ihrer Retorte auf ihrem Balneo Marie, also auf ihrem Wasserbad, in ihrem Labor ausführten.

Auch die Geburt des Steines der Weisen selbst ist auf dem Bild sehr unverblümt dargestellt. Sie vollzieht sich in der Luft, in den Wolken. Die Gebärende bringt hier den "Sohn, der in der Welt seines Gleichen sucht" zur Welt.

Am Ende symbolisiert der über das Wasser laufende Jüngling den Stein der Weisen, den man sich als eine rote Tinktur oder als ein rotes Pulver dachte. Er ist eine transzendente Erscheinung; denn "übers Wasser laufen" kann kein irdisches Wesen. Der Begleittext zu dieser Allegorie erläutert dies mit folgenden Worten:

> *"Im Wasserbad wird er empfangen*
> *und in der Luft geboren,*
> *wenn er aber rot geworden, geht er auf dem Wasser".*

Für das Zustandekommen des großen Magisteriums war der Koitus, wie uns viele Allegorien zu diesem Thema aus der Renaissance zeigen, das übliche Bild bei den esoterischen Alchemisten. Das Sexuelle, normalerweise in der organischen Natur verhaftet, wird in der Vorstellungswelt der Adepten auch auf die anorganische Natur, auf den Schwefel und das Quecksilber, übertragen und ohne Hemmung zur Bereicherung der Symbolik der Alchemie benutzt.

*

Ein Kupferstich von Stefan Muschelspacher aus dem Jahre 1616 stellt die Mythologie vom Stein der Weisen - das Opus Magnum - in Symbolen verschlüsselt dar (auf der übernächsten Seite). Die Darstellung vereinigt in einzigartiger Weise die spirituellen, die astrologischen und die chemischen Vorstellungen, die die Alchemisten mit der Zeugung und der Geburt des Steines der Weisen verbanden. Die chemische Hochzeit, das zentrale Geheimnis der hermetischen Philosophie, vollzieht sich hier im Innern eines Berges in einem kostbaren Tempel. Die Eltern des Steines der Weisen sind in der bekannten Symbolik eines Königs als dem Bräutigam und einer Königin als der Braut dargestellt. - Das Brautgemach im Tempel symbolisiert hier zugleich auch die chemische Retorte, in der die Alchemisten Schwefel und Quecksilber zur Reaktion brachten, wenn sie in ihren Laboratorien versuchten den Lapis philosophorum herzustellen. Den Bezug zur Laborarbeit macht Muschelspacher durch die sieben Stufen deutlich, die zum Brautgemach hinaufführen. Die Beschriftung der Stufen benennt die sieben alchemistischen Prozesse, die die Gehilfen des Adepten bei ihren Experimenten zur Herstellung des Steines der Weisen anwenden konnten.

Es sind dies:

1. Die **CALCINATION:** Das ist das Glühen der Metalle im offenen Ofen, aber auch das Austreiben von Kristallwasser aus Kalk und Gips. Diese Arbeit stand unter dem Regiment des Planeten **MERKUR** und dem Tierkreiszeichen **WIDDER**.

2. Die **SUBLIMATION**: Das ist die Destillation von trockenen Stoffen zur Reinigung und Veredelung. Diese Arbeit stand unter dem Regiment des Planeten **JUPITER** und dem Tierkreiszeichen **WAAGE**.

3. Die **SOLUTION**: Das ist die Auflösung von Stoffen in einem Menstrum und das Lösen von Gold in Quecksilber. Diese Arbeit stand unter dem Regiment des **MONDES** und dem Tierkreiszeichen **KREBS**.

4. Die **PUTREFACTION**: Das ist die Läuterung, die Trennung von Geist und Körper, die man auch in der Retorte glaubte ausführen zu können. Diese Arbeit stand unter dem Regiment des Planeten **SATURN** und dem Tierkreiszeichen **STEINBOCK**.

5. Die **DESTILLATION:** Sie ist das Prinzip der Trennung durch Verdampfen und Kondensieren im hermetischen Gefäß. Diese Arbeit stand unter dem Regiment des Planeten **VENUS** und dem Tierkreiszeichen **JUNGFRAU**.

6. Die **COAGULATION**: Das ist das Ausfällen von Stoffen aus Flüssigkeiten. Diese Arbeit stand unter dem Regiment des Planeten **MARS** und dem Tierkreiszeichens**STIER**.

7. Die **TINKTUR**: Die rote Tinktur ist das Ziel aller alchemistischer Tätigkeit im Laboratorium; denn sie ist der **STEIN DER WEISEN**. Er, das Gold und die **SONNE** waren eines Wesens. Das Tierkreiszeichen war der **LÖWE**.

Nach dem Durchlaufen der sieben Stufen sind Schwefel und Quecksilber - die Eltern des Steines der Weisen - gereinigt und daher im Brautgemach nackt dargestellt. Zum Zeichen der Vereinigung überreicht der König (Schwefel) der Königin (Quecksilber) die Blume der Weisen mit ihrer blauen, roten und weißen Blüte. Diese Blume symbolisiert den Stein der Weisen, der aus der Verbindung von Schwefel und Quecksilber hervorgehen wird. Der Ofen im Hintergrund soll offensichtlich darauf hinweisen, daß bei dem chemischen Prozeß das Element Feuer die Verwandlung bewirkt.

Auf dem Dach des Tempels wiederholt sich das männliche und das weibliche Prinzip als Sonne und als Mond, also wieder in einer der üblichen Darstellungen, mit denen die Alchemisten die Eltern des Steines der Weisen symbolisierten. Der Adler über dem Tempel ist eines der vielen Symbole für den Stein der Weisen selbst.

Kupferstich aus dem Traktat Cabala von Stefan Muschelspacher 1616

Auf dem Berg kehrt die magische Zahl sieben noch einmal in Form einer Stufenpyramide wieder. Auf den Stufen stehen die allegorischen Figuren der fünf damals bekannten Planeten sowie die von Sonne und Mond, die damals als sich bewegende Himmelskörper zu den Planeten gezählt wurden. Zusammen mit den zwölf Tierkreiszeichen symbolisieren sie den oben schon erwähnten Einfluß des Makrokosmos auf die Prozesse im Laboratorium. Einen besonders starken Einfluß hatten die Planeten, die dem jeweiligen Metall zugeordnet waren. Die Alchemisten mußten den Stand des entsprechenden Planeten am Himmel berücksichtigen, wenn sie mit Metallen arbeiteten.

So ist Venus auf der ersten Stufe der Pyramide als die Göttin der Liebe mit einem Spiegel und dem brennenden Herzen in den Händen dargestellt. Mit Venus verbanden die Alchemisten das Kupfer. Auf der nächsten Stufe sieht man Mars als Sinnbild des Eisens, als Krieger in Eisen gerüstet. Dann verkörpert die Sonne als das königliche Gestirn mit Krone und Zepter das Gold. Merkur steht auf dem Gipfel des Berges als Brunnenfigur mit dem Kerykeion in der Rechten. Für die Alchemisten war er das wichtigste Gestirn, denn er ist das Symbol für das Quecksilber. Das Wasser soll den flüssigen Zustand dieses Metalls andeuten.

Der silberne Mond ist das zweite weibliche Gestirn neben Venus. Sie hält eine silberne Schale mit Tau in der Hand, der in der Nacht herniederfällt. Jupiter, der höchste der Götter, schleudert Blitze und trägt zum Zeichen seiner Würde das Zepter. Sein Metall ist das Zinn. Als letzten auf der untersten Stufe rechts sieht man den unglückverheißenden Saturn, der sich mit einem geraubten Kind und der Sense des Todes in der Linken als Unglücksbringer ausweist. Sein Metall ist das Blei.

In den vier Ecken des Bildes findet man dann noch die vier Elemente Feuer, Wasser, Luft und Erde, die das Weltall aufbauen. Über sie wird in einem späteren Kapitel noch ausführlich berichtet werden.

Die beiden Figuren im Vordergrund sind eine allegorische Darstellung des Menschen im großen geistigen Umbruch vom Mittelalter zur Neuzeit. Die Figur mit den verbundenen Augen beharrt im Alten. Sie folgt nicht der Natur, wie es die Alchemisten fordern. Sie ist blind für den Fortschritt. Der Blinde begreift nicht, daß man mit der Erforschung der Natur ganz neue Erkenntnisse über das Wesen der Welt erlangen kann. Die kleinere Figur dagegen, die einen Hasen verfolgt, der im Berg verschwindet, folgt der Natur im Sinne der Alchemie; denn der Hase ist eines der vielen Symbole, die die prima materia symbolisieren, aus der der Stein der Weisen schließlich und endlich hervorgeht

Die Tafel unten beschreibt das "Große Werk" - die "Chemische Hochzeit" - als einen mystischen mit dem Göttlichen eng verbundenen Akt, der im Laboratorium nach einem festen Kanon (Regel) zur Reife gebracht werden mußte. Dabei handelte es sich um eine heilige Handlung, die einem Gottesdienst ähnelte.

Opus Magnum

In Anspielung auf das göttliche Schöpfungswerk

und in Anspielung auf den in diesem angelegten Heilsplan

wurde der alchemistische Prozeß als "Großes Werk" bezeichnet.

In ihm sollte eine rätselhafte chaotische

Ausgangsmaterie, prima materia genannt, in der

sich die Gegensätze noch unvereint in heftigem

Widerstreit befinden, allmählich in einen erlösten

Zustand vollkommener Harmonie überführt werden

nämlich in den heilkräftigen "Stein der Weisen"

oder Lapis philosophorum:

"Erstlich setzen wir zusammen,

danach faulen wir aus, das Ausgefaulte lösen wir

auf, das Geteilte reinigen wir, das Gereinigte

vereinigen wir und verfestigen es. Auf diese

Weise wird aus Mann und Weib Eins.

"(Büchlein vom Stein der Weisen, 1778)

Die allegorische Darstellung des Quecksibers als Königin der Nacht und des Schwefels als Sonnenkönig. Abbildung aus Splendor Solis, dem Sonnenglanz, 16. Jahrhundert.

Das vierte Kapitel

handelt von dem ganz neuen Weg, den die Alchemisten bei der Suche nach neuen Erkenntnissen über unsere Welt als erste beschritten haben. Es handelt vom Experiment, das den hermetischen Philosophen tiefere Einblicke in die Natur gewinnen ließ.

Zu diesem zentralen Thema der Alchemie sind sehr viele künstlerisch hervorragende Allegorien entstanden, die insbesondere auch zeigen, mit welcher Spiritualität die Experimente begleitet wurden.

Das Experiment

Die Experimente, die die Alchemisten zur Erforschung der Natur in ihren Laboratorien ausführten, waren in der Renaissance ein ganz wichtiges Element des sich vollziehenden Paradigmenwechsels; denn die Experimente mit der Natur waren und sind auch heute noch der wichtigste Weg, um neue Erkenntnisse über unsere Welt zu erlangen.

Johannes Kunkel (1630-1702), Pharmazeut und Alchemist und insbesondere auch Glasforscher, hat im Titelbild seines Buches "Ars Vitraria Experimentalis" die Bedeutung des Experiments eindrucksvoll und, was die allegorische Verschlüsselung angeht, mit großem Einfallsreichtum dargestellt (siehe rechte Seite). Die Allegorie entstand 1679. Sie zeigt, daß sich zu dieser Zeit schon mancher Forscher von Magie und Mystik als einem mittelalterlichen, untauglichen Weg zur Erforschung unserer Welt getrennt hatte zu Gunsten des rationalen Denkens.

Das zweigeteilte Bild stellt auf der linken Seite allegorisch verschlüsselt die neue Zeit dar. Sie ist geprägt von der Ratio. Ein Füllhorn am Fuße des Bildes, aus dem Früchte hervorquellen, sagt denn auch, daß hier die Wahrheit, die sich in der Natur findet, zelebriert wird; ja, daß die Natur hier angebetet wird als das Maß aller Dinge.

Durch zwei allegorische Figuren - Mens und Experientia - ist nun das Zusammenwirken von Experiment und rechnendem Verstand (Mens) des Menschen dargestellt. Die Sonne als Lux Veritatis, also als das Licht der Wahrheit und Erkenntnis, strahlt vom Himmel herab und erleuchtet die Erde. Ihre Strahlen werden durch die Ratio - durch den rechnenden Verstand (Mens) des Menschen - mit einer Sammellinse zum Feuer der Wahrheit gebündelt. Dieses Feuer entzündet dem mit der Natur experimentierenden Forscher (Experientia) das Licht (Lumen naturae), in dem er erkennen kann, "was die Welt im Innersten zusammenhält" (Goethe).

Während die Allegorie des Experimentes in der einen Hand also das Licht der Wahrheit hält, hat sie in der anderen einen Kelch. In ihm fängt sie als Lohn für ihr Suchen nach der Wahrheit, für ihr Suchen nach den Gesetzen der Natur das Wasser der Weisheit auf. Feuer und Wasser in den Händen der Experientia sind zugleich die Elemente, die den Alchemisten bei ihren Experimenten unentbehrlich waren; denn das Feuer verwandelt alle Stoffe. Was man ins Feuer wirft verbrennt, schmilzt oder verdampft. Das Wasser aber, mit dem Feuer unvereinbar, war das wichtigste Lösungsmittel (Menstrum) der Alchemisten. Zu Füßen der Experientia ist durch einen Knaben mit Feuerzange und Tiegel das Labor versinnbildlicht, in dem die Experimente zur Erforschung der Natur stattfinden.

Diese aus dem Ende des 17. Jarhunderts stammende allegorische Darstellung geht über die magischen Vorstellungen der Alchemisten hinaus, die zwar dem Experiment größte Priorität gaben, der Ratio aber nur sehr langsam zum Durchbruch verhalfen.

So wie die Allegorie es darstellt, gelang es dem Alchemisten Kunkel zumindest teilweise sich aus den magischen und mystischen Vorstellungen der Alchemie zu lösen und rationales Denken zu erlernen. Auf diesem Wege entdeckte er den Phosphor im Urin. Die rote Goldtinktur der Alchemisten hielt Kunkel für Schwindel.

Während die lichte linke Seite dieser hervorragenden Allegorie die heraufziehende neue Zeit versinnbildlicht und dem Experiment und der Ratio zum Durchbruch verhilft, symbolisiert die dunkle rechte Seite des Bildes im Gegensatz dazu das "finstere" Mittelalter. Das Füllhorn, aus dem hier keine Früchte, sondern nur Wurzeln hervorquellen, verkündet: "Dort aber reitet die Wahrheit in der Tat vorbei". Der Künstler will damit sagen, daß der irrationale Geist des Mittelalters so wie die Nacht nur Finsternis und Irrtum verbreitet hat. Die Seite der Nacht wird deshalb von der Allegorie der Sinnlosigkeit regiert. Mit verbundenen Augen nichts sehend hält sie die Laterne der Torheit, die kein Licht gibt, in der rechten Hand. Ihr zu Füßen sitzt die Allegorie des Irrtums und der Fantasie, die wirres Zeug in ein Buch schreibt. Seltsam und schwer verständlich ist die Symbolik des Aufblasens eines Balges mit zwei menschlichen Brüsten durch die Allegorie des Irrtums. Soll diese Metapher zeigen, wie fruchtbar das Element Luft eigentlich ist? Daß die Luft aber vom Irrtum benutzt nur sinnloses Zeug wie diesen seltsamen Balg hervorbringt? Soll die kleine allegorische Figur, die zu Füßen des Irrtums sitzt, den Wahnwitz aufzeigen, mit dem das Mittelalter die Menschen dumm hielt? Endlich könnte noch das vierte der Elemente, die Erde, rechts unten durch einen Hippogryphen symbolisiert sein, der über sie hinwegfliegt und der den Zufall versinnbildlicht.

Der Alchemist mit seinen Gehilfen beim Experimentieren in seinem Labor.
Nach einem Gemälde von David Teniers d. J. 1610 - 1690.

Auf dem Bild auf Seite 56 ist das Experimentieren im Laboratorium eindrucksvoll dargestellt. Zu den wichtigsten Versuchen der Alchemisten gehörte das Destillieren. Im Hintergrund sind mehrere luftgekühlte Destillierhauben aus Glas sogenannte Alembiks zu sehen. Ihre Konstruktion ist sehr alt und stammt aus Ägypten. Im Vordergrund steht das erste mit Wasser gekühlte Destilliergerät. Es ist aus Kupfer und wurde Mohrenkopf genannt.

Dieses kupferne Destilliergerät, der so genannte Mohrenkopf, ist eines der wenigen erhaltengebliebenen alchemistischen Geräte aus der Renaissance. Das Original aus dem 17. Jahrhundert befindet sich im Deutschen Apotheken-Museum Heidelberg.

Über der Destillierblase befindet sich der Kühlhelm, der von einer Schale umgeben ist, die zur Kühlung des Kühlhelmes mit Wasser gefüllt wurde.

Beim Destillieren lernten die Alchemisten Mischungen von Flüssigkeiten in ihre Bestandteile zu zerlegen. Sie lernten zum Beispiel, daß man den Alkohol des Weines mit Destillieren vom Wasser trennen, daß man ätherische Öle aus Pflanzen und Terpentinöl aus Pinienharz durch Destillation gewinnen kann. Aufschlußreich ist die umfangreiche Literatur, mit der sich der Alchemist umgeben hat. Sie weist auf die geistige Dimension hin, die den Experimenten eigen war. Der präparierte Schädel eines Pferdes an der Wand soll das magische Tun des Weisen augenfällig machen.

Die Bereitung des Steines der Weisen

Das schwierigste und zugleich wichtigste Experiment, das von den Alchemisten immer und immer wieder zelebriert wurde, war die Bereitung des Steines der Weisen. In vielen alten Schriften wie etwa bei Georgius von Welling oder auch bei Basilius Valentinus und Nicolas Le Februe sind Rezepte für das Große Werk überliefert. Freilich, eine einheitliche Rezeptur für das Opus Magnum hatten die Alchemisten nicht; denn jeder Adept machte seine eigenen Versuche, hatte seine eigenen Ergebnisse und war stolz auf seine Erfindungen. Diese führten zwar niemals wirklich zum Stein der Weisen, oft aber brachten sie andere bedeutende Ergebnisse, wie etwa die Erfindung des Porzellans oder auch der Tinktur, einer heute noch gebräuchlichen Arzneiform.

Der Versuch, den Stein der Weisen aus Schwefel und Quecksilber herzustellen, ist das berühmteste Experiment, das uns überliefert ist. Es fußt auf dem schon ausführlich geschilderten Glauben der Adepten, daß es in der Natur Kräfte gäbe, die unedle Metalle in den Erzlagern ganz langsam über Jahrtausende in Gold umwandeln.

Die Umwandlung der Materie zum Beispiel durch Verbrennen wurde von den Alchemisten damals noch nicht als rational berechenbarer chemischer Prozeß verstanden. Vielmehr glaubte man, daß die chemischen Versuche neben ihrer praktischen eine spirituelle, in der hermetischen Philosophie begründete, Seite hatten. Die überirdischen Kräfte, die vom Makrokosmos auf den Mikrokosmos herniederströmten, beeinflußten nach Ansicht der Alchemisten das Experiment in entscheidendem Maße. Das wurde auch so verstanden, daß die Hilfe Gottes über die Sternenwelt herabströmte und die Umwandlung der Materie bewirkte. Der Adept begleitete sein Experiment deshalb immer vertieft in seine geheimen Schriften. Die meditative Begleitung zur Beschwörung transzendenter Kräfte gehörte ebenso zum Experiment wie zum Beispiel die Benutzung des Feuers.

Diese astrologische Seite des Experiments vermittelt eine Allegorie von Janus Lacinius (nächste Seite). Sie stellt die chemische Hochzeit hermetisch verschlossen in einer Festung dar, die zugleich auch die chemische Retorte zur Bereitung des Steines der Weisen symbolisiert. Zur Abschreckung von bösen Einflüssen etwa durch den Saturn wird die Festung von einem Basilisken, einem Erdgeist (siehe Kapitel: "Die vier Elemente") bewacht. Die vier Mauern symbolisieren die vier Stufen, die auf dem Wege zum Stein der Weisen sowohl spirituell als auch praktisch im Laboratorium durchlaufen werden mußten. Jede dieser vier Stufen steht unter einem bestimmten Sternbild des Tierkreises, von dem die Umwandlung der Materie jeweils regiert wird.

Im Vorhof der Festung erscheinen zunächst die Eltern des Steines der Weisen mit ihren bekannten Symbolen Sonne und Mond. Für die praktische Laborarbeit versinnbildlichen sie den Schwefel und das Quecksilber. Das Werk beginnt im Frühjahr im Tierkreis des Widders. Der tote Körper, der in der Erde verwest, ist Sinnbild für das Entstehen von Schwefel und Quecksilber aus der Prima Materia. Im Sommer, im Zeichen des Löwen, vollzieht sich dann die Vereinigung des männlichen Schwefels mit dem weiblichen Quecksilber, was zugleich die spirituelle Vereinigung von Geist und Seele symbolisiert. Der Löwe ist zugleich das Symbol für das Gold.

Im Dezember im Zeichen des Schützen entsteht am Ende des Prozesses bei der Sublimation der unzerstörbare rote Geistleib des Steines der Weisen. Der rote Geistleib ist das Symbol für die rote Tinktur, für das trinkbare Gold, das ewige Jugend verspricht. Der rote Körper des Steines der Weisen erscheint in einem früchtetragenden Baum, dem Sinnbild für die Kräfte der Natur, die dem Stein der Weisen innewohnen.

Aus Janus Lacinius Pretiosa vovella 1577-83

In ihren Laboratorien bereiteten die Alchemisten ihr "Großes Werk" also immer in dem Bewußtsein, "Im Namen Gottes" zu handeln. Man kann annehmen, daß ihre Experimente sakralen Handlungen glichen; denn während die Gehilfen die Experimente praktisch durchführten, vertiefte sich der Adept in seine hermetischen Schriften und allegorischen Bilder, um mit ihrer Hilfe über das Mysterium des Steines der Weisen zu meditieren, ja sich wahrscheinlich sogar auf diese Weise in einen Trancezustand zu versetzen.

Währenddessen verrieben die Gehilfen das "lebende" (frisch aus der Erde gewonnene) Quecksilber, den Mercurius philosophorum, und den "lebenden" Schwefel, den Sulfur philosophorum, in einer sogenannten "Philosophischen Mühle". Manchmal erhitzten sie das Gemisch auch in einer Retorte auf dem Wasserbad und brachten auf diese Weise die chemische Reaktion in Gang.

Um die metaphysische Dimension des Experimentes zu erspüren, muß man sich nochmals klarmachen, daß die Adepten nicht wie wir heute im Quecksilber und im Schwefel einfach nur Materie sahen. Sie glaubten vielmehr, daß den Stoffen, aus denen der Stein der Weisen entstehen sollte, schon von Natur aus etwas Besonderes, etwas Mystisches, etwas Magisches innewohnte.

Philosophische Mühle

Eine ähnliche mystisch-magische Dimension hatten auch die Tätigkeiten des Verreibens in der philosophischen Mühle und die Anwendung von Feuer ja überhaupt alle Manipulationen, die die Alchemisten mit der Materie ausführten; denn nur über diese spirituellen Aspekte ihrer Handlungen konnten sie sich erklären, warum aus dem silberglänzenden und dazu noch flüssigen Quecksilber einerseits und dem gelben, brennbaren Schwefel andererseits ein schwarzes Pulver entstand.

Das schwarze Pulver - den ersten Schritt ihrer mystischen Manipulationen - nannten die Alchemisten die Schwärze oder in ihrer mythologischen Sprache das Rabenhaupt. Daß es sich bei dem schwarzen Pulver chemisch um das schwarze, amorphe Quecksilbersulfid (HgS) handelte, wußten die Adepten natürlich nicht. Das Rabenhaupt war in ihren Augen der erste Schritt zur Verwandlung der Materie in eine höhere Seinsform auf dem Wege zum Stein der Weisen.

Den nächsten besonders mysteriösen, aber auch entscheidenden Schritt bei ihrer Suche nach dem Stein der Weisen erreichten die Adepten, indem sie das Rabenhaupt in einem Sublimiergerät (siehe nächste Seite) längere Zeit erhitzten und dabei verdampften. Beim Verdampfen und wieder Kondensieren an den oberen kalten Kugeln des Gerätes verwandelte sich das schwarze Pulver zum großen Erstaunen der Alchemisten in ein leuchtend rotes. Diese Unwandlung ist kein chemischer, sondern ein physikalischer Vorgang. Das schwarze nicht kristalline Quecksilbersulfid (HgS) geht während der Sublimation durch Umlagerung der Moleküle in seine rote kristalline Form über. Rotes Quecksilbersulfid ist unter dem Namen Zinnober oder lateinisch Cinnaberis bekannt. Die einfache chemische Umwandlung hat folgende Formel:

| Hg | + | S | = | HgS | _____ | HgS |
| Quecksilber | + | Schwefel | = | Rabenhaupt | Sublimation | Zinnober |

Das Erstaunen der Adepten über die Farbänderung und ihr Glaube, daß hier etwas Großartiges im Verborgenen vor sich ging, ist verständlich, wenn man bedenkt, daß sie von den wirklichen chemischen und physikalischen Vorgängen noch keine Ahnung hatten. Den geheimnisvollen Übergang von schwarz nach rot bezeichneten die Adepten als die Rötung. Die rote Farbe und der mystische Vorgang bedeutete für sie die Vollkommenheit, den neuen, nie dagewesenen höchsten Seinszustand; denn die Farbe rot entsprach nach alchemistischer Vorstellung dem Stein der Weisen. Die Farbe rot, das Gold und die Sonne waren eines Wesens. Die Gleichsetzung von rot mit Gold mag unter anderem dadurch entstanden sein, daß den Alchemisten bekannt war, daß Rubinglas seine rote Farbe durch Auflösen von Gold in flüssigem Glas erhält.

Die Tatsache, daß das rote Pulver am Ende doch nicht die Kraft hatte, unedle Metalle in Gold zu verwandeln, führten die Alchemisten auf einen Fehler zurück, den sie glaubten bei der Arbeit, aber auch bei der meditativen Begleitung des Experimentes begangen zu haben. Auch konnte der astrologische Zeitpunkt falsch gewählt worden sein. So wurde dieses Experiment immer wieder wiederholt in der Hoffnung, irgendwann einmal unter den richtigen Bedingungen das Ziel zu erreichen.

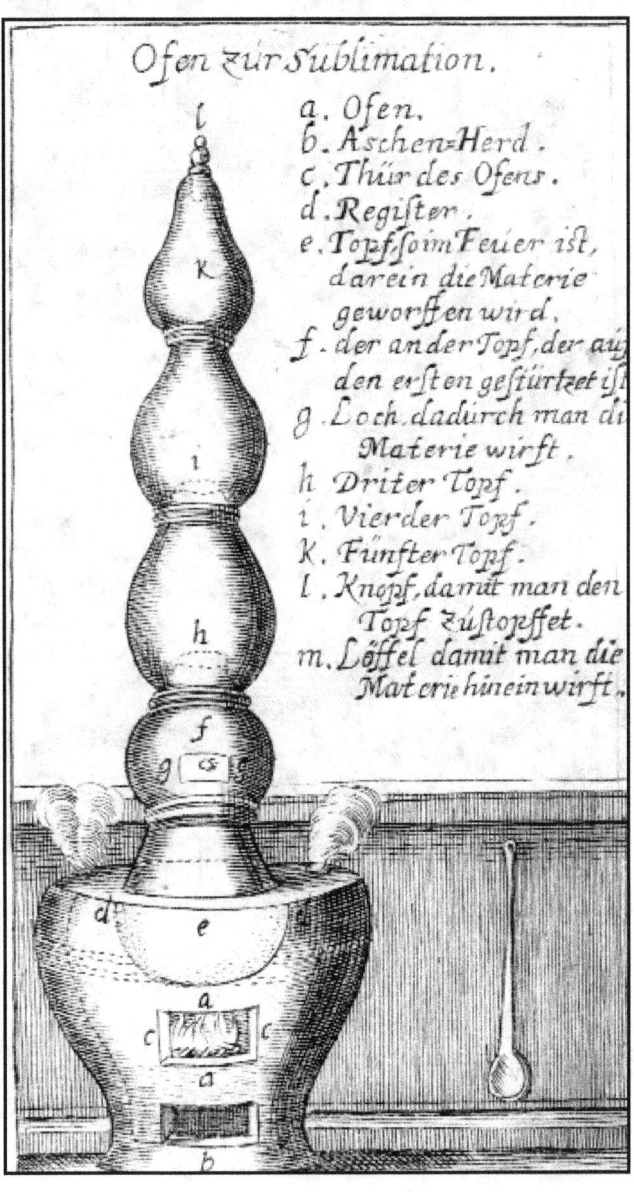

Ofen zur Sublimation.
a. Ofen.
b. Aschen=Herd.
c. Thür des Ofens.
d. Register.
e. Topf so im Feuer ist, darein die Materie geworffen wird.
f. der ander Topf, der auf den ersten gestürtzet ist.
g. Loch, dadurch man die Materie wirft.
h. Driter Topf.
i. Vierder Topf.
k. Fünfter Topf.
l. Knopf, damit man den Topf zustopffet.
m. Löffel damit man die Materie hinein wirft.

Der Alchemist auf der Suche nach dem Stein der Weisen betet für ein erfolgreiches Gelingen seines Experimentes.

Gemälde von Joseph Wrigth (1734-1797)

Allegorie auf der nächsten Seite versinnbildlicht die Vereinigung der beiden Prinzipien bei der Bereitung des Steines der Weisen in einer sehr symbolträchtigen Art und Weise. Links ist die weibliche, die merkuriale Seite mit der Königin und dem Mond symbolisiert. Der Pelikan steht mit seinem grauen Gefieder für das Quecksilber. Rechts ist die männliche, die sulfurische Seite mit dem König und der Sonne dargestellt. Der Phönix, der sich aus der Asche erhebt, symbolisiert den brennbaren Schwefel. Die Schlangen sind auch hier wieder Symbol für die Naturkräfte des Steines der Weisen.

Aus: Figuarum Aegyptiorum Secretarum 18. Jahrhundert

Das Laboratorium

Wie ein Laboratorium ausgesehen hat, in dem die Alchemisten in der Renaissance ihre Suche nach dem Stein der Weisen vornahmen, zeigen eindrucksvoll eine ganze Reihe von Kupferstichen. Besonders aufschlußreich ist einer, der nach einer Idee von Joanes Stradanus um 1570 von Philipp Galle gestochen wurde. Der Niederländer Jan van der Straet, genannt Joanes Stradanus (1525-1605), war ein ideenreicher Zeichner alchemistischer Bilder. Er muß sich intensiv mit der Tätigkeit der Alchemisten beschäftigt haben; denn seine drei die Alchemie betreffenden Werke - Panacea, Destillatio und Francesco I - künden von einer guten Kenntnis der Alchemie.

"Im Feuer liegt alle Kraft und all die großartigen Eigenschaften der Materie. Der Strom der Lebenskraft wird hier geboren, hell und klar mit der größten Macht versehen."

Die Unterschrift unter dem Kupferstich mit dem Titel "Destillatio" macht einen wichtigen Glaubenssatz der Alchemisten deutlich. Sie waren davon überzeugt, daß durch die magische Kraft des Feuers die Lebenskraft geboren wird. Das Feuer hatte nach Ansicht der Alchemisten die Macht, durch Zusammenfügen und auch durch Trennen das Werden und Vergehen der Körperwelt zu beeinflussen.

Das Bild auf der vorhergehenden Seite, das uns einen Einblick in ein alchemistisches Laboratorium der Renaissance gewährt, zeigt das Fluidum, das an einem solchen Ort waltete. Es wurde in besonderem Maße von dem Adepten erzeugt, der sich mit seiner Philosophie beschäftigte an der praktischen Arbeit aber nicht teilnahm. Die Gelehrsamkeit des Adepten hat der Künstler hier durch eine Brille gekennzeichnet. Der Gesichtsausdruck des Weisen verrät die Versenkung seiner Gedanken und Gefühle in die hermetische Philosophie. Wir schauen hier mit Sicherheit in ein Laboratorium, das an einem Fürstenhof betrieben wurde; denn so viele Gehilfen und Geräte konnte sich ein einfacher Alchemist, der nur auf das Goldmachen aus war, nicht leisten. Diese oft sehr unwissenden und mit Tricks und Betrug arbeitenden Scharlatane hatten - wenn überhaupt - nur ganz kleine, dürftig eingerichtete Laboratorien, wie das Bild unten zeigt.

Blick in ein Laboratorium, wie es von den einfachen und ungebildeten Alchemisten betrieben wurde, die nur darauf aus waren Gold zu machen. Die Unordnung und der verzweifelt sich den Schweiß von der Stirn wischende Alchemist soll das Unsinnige dieser Scharlatanerie zeigen.
Aus "Der dinde Erfindung" von Vergilius Polidorus 1557.

Bessere Laboratorien hatten die Apotheken; denn sie waren darauf eingestellt, alle Arzneien selbst herzustellen. Als in der Renaissance zu den traditionellen Arzneien aus dem Pflanzen- und Tierreich infolge der Medizin des Paracelsus auch eine Menge mineralischer und chemischer Stoffe in Anwendung kam, befaßte sich so mancher Apotheker nun auch mit der Suche nach dem Stein der Weisen. Beispiele für das Interesse der Apotheker für die Alchemie sind Johann Friedrich Böttger und sein Lehrchef Apotheker Zorn. (Siehe Seite 31)

Eine Apotheke und ihr Laboratorium zeigt das 1664 erschienene Kunst- Haus- und Wunderbuch von Balthasar Schnurin.

Die eigentlichen alchemistischen Laboratorien, in denen ernsthaft, mit großem Eifer und mit viel Geld nach dem Lapis philosophorum gesucht wurde, waren - wie schon erwähnt - an den Höfen der Fürsten angesiedelt. Durch das hohe Ansehen, in das die Alchemie durch eine Anzahl gebildeter und sich als Weise ausgebender Adepten gekommen war, wurde so mancher Fürst auf die Alchemie aufmerksam und der Glanz des Goldes und die ewig leeren Staatskassen verführten dazu, sich des Wissens dieser Goldmacher zu versichern. Der berühmteste unter den fürstlichen Adepten war Kaiser Rudolf II. Neben vielen Wissenschaftlern wie den Astronomen Johannes Keppler und Tycho Brahe und Ärzten wie Oswald Croll holte er auch viele Alchemisten an seinen Hof in Prag. Das Regieren machte Rudolf keinen Spaß. Er überließ es weitgehend seinen Hofbeamten in Wien. Er selbst ging lieber seinen Neigungen nach, und das war die Wissenschaft, und dazu gehörte auch die Alchemie.

Böhmen war ein fruchtbarer Boden für das Forschen der Alchemisten. Das Vorhandensein von Silber- und Goldadern in den böhmischen Bergen förderte seit Jahrhunderten die Beschäftigung mit den Metallen, die Untersuchung von Gesteinen und das Erzschmelzen. So wurde der Hof Rudolfs II. zu einem Sammelpunkt vieler Alchemisten die auf ganz andere Art als im Mittelalter die Rätsel der Welt zu entziffern suchten. Daß auf Können und Wissenschaftlichkeit am Prager Hof großer Wert gelegt wurde, beweist die Verfügung Rudolfs II., daß der Hofmedikus Hajek die an den Hof strömenden Alchemisten einer Prüfung zu unterziehen hatte, ehe sie zu den "chymischen Kucheln" und Schmelzöfen zugelassen wurden.

Wo die Alchemisten damals ihre mit Sicherheit sehr gut ausgestatteten Laboratorien in der Prager Burg betrieben haben, ist heute nicht mehr auszumachen; denn die Prager Burg sah im 16. Jahrhundert ganz anders aus als heute. Allein das Goldene Gäßchen - eine Reihe niedriger Häuschen in der Nähe der Burg - soll der Sage nach auf die Prager Adepten Rudolfs II. hinweisen.

Aber nicht nur am Hof Rudolf II. in Prag wurde Alchemie betrieben. Eine Pergamenthandschrift aus den Jahren 1414-1418, die im Germanischen Museum Nürnberg aufbewahrt wird, berichtet, wie hoch im Kurs die Alchemie schon am Beginn der Renaissance an den Fürstenhöfen gestanden hat. Der unbekannte Autor widmete die Schrift dem Burggrafen Friedrich VI. (dem späteren Markgraf Friedrich I. von Brandenburg), der seit 1398 auf der Burg zu Nürnberg residierte. Auf 309 Seiten enthält die Handschrift genaue Angaben darüber, wie in Nürnberg und an manchen anderen Fürstenhöfen Alchemie gelehrt und betrieben wurde. Die Handschrift mit dem Titel " Das Buch der heyligen Dreyvaltigkeit" ist eines der frühesten Lehrbücher, das die Bereitung des Steines der Weisen beschreibt. Es heißt da:

"Wer diz buch gotes wol vernymet, und der hy den roht (Stein der Weisen?) nachwürket, dem gibt diz buchs lere reichen sold, beide silber und daz alleredelst rot golt." "Wer dez steines pulver isset, der wirt von allen suchten gesund."

Danach vermochte der Stein der Weisen nicht nur alle Metalle in Gold zu verwandeln, sondern auch von allen Krankheiten zu befreien.

Ob der Burggrafen Friedrich VI. (der spätere Markgraf Friedrich I. von Brandenburg) selbst Alchemie betrieben oder sich nur einen Alchemisten gehalten hat, ist nicht bekannt. Sein ältester Sohn Johann jedoch war der Alchemie richtig verfallen - vielleicht auch angeregt durch die seinem Vater gewidmete Handschrift. Der Burggraf war ein Feind des unruhigen kriegerischen Lebens. Seine Liebe galt den Wissenschaften. Und so verzichtete er zu Gunsten seines jüngeren Bruders Friedrich auf die Nachfolge in der Regierung des Kurfürstentums Brandenburg. Bei der Erbteilung 1437 erhielt er deshalb das friedlichere Markgrafentum Bayreuth-Kulmbach. Um den Neigungen des Sohnes noch weiter entgegen zu kommen, schloß sein Vater 1437 sogar einen Vertrag mit dem in Sagan regierenden Herzog Johann I., der sich in diesem verpflichtete, gegen ein entsprechendes Entgelt dem Sohn Johann binnen der nächsten drei Jahre die Kunst der Alchemie zu lehren. Johann hat sich später auf der Hohenzollernburg Cadolzburg bei Nürnberg und auf der alten Bergfestung Plassenburg bei Kulmbach sehr intensiv mit der Alchemie beschäftigt. Das brachte ihm den Namen Johann der Alchemist ein. Es ist nicht unwahrscheinlich, daß er das seinem Vater gewidmete kostbare in Nürnberg erhaltene alchemistische Werk bei seinen Arbeiten benützt hat. Auch der jüngste Sohn des Burgrafen Friedrichs VI. der spätere Marggraf Albrecht Achilles, hatte alchemistische Ambitionen. In einer Urfehde des Ritters Heinrich von Freyberg zu Waule vom Jahre 1447 verpflichtete sich dieser dem Albrecht Achilles auf seine Kosten die Kunst der Alchemie beizubringen. Das Hohenzollerngeschlecht blieb Jahrhunderte lang seiner Vorliebe für die Alchemie treu. So beschäftigte in der Mitte des 16. Jahrhunderts auch der Kurfürst Joachim II. von Brandenburg in Berlin eine ganze Anzahl Alchemisten. Seinem Nachfolger, dem Kurfürsten Johann Georg, soll der Paracelsist und Alchemist Thurneysser gedient haben. Ebenso war hundert Jahre später der berühmte Kunkel (siehe S. 55) beim Großen Kurfürsten als Alchemist tätig.

Die Plassenburg oberhalb von Kulmbach, wo im 15. Jahrhundert Johann der Alchemist gewirkt hat, war über lange Zeit eine alchemistische Hochburg; denn der Markgraf Christian Ernst von Brandenburg-Bayreuth zwang in den Jahren 1681 bis 1686 dort den Alchemisten Krohnemann, Gold zu machen. Das gelang ihm auch zunächst und Krohnemann kam zu großen Ehren, bis sich herausstellte, daß er das Edelmetall aus der fürstlichen Gold- und Silberkammer gestolen hatte. Der Markgraf ließ ihn schließlich am Galgen hinrichten. Ähnlich erging es dem sogenannten Grafen Cajetan, der in Gegenwart des Königs Friedrich I. von Preussen im Jahre 1705 angeblich ein Pfund Quecksilber in Gold verwandelt hatte. Er wurde zu Küstrin gehängt, weil er sein Versprechen nicht hielt, binnen sechs Wochen für weitere sechs Millionen Thaler Gold zu liefern. Herzog Friedrich I. von Würtenberg ließ einen betrügerischen Alchemisten in einem Mantel aufhängen, der mit Flittergold verziert war, damit man ihn auch möglichst weit sehen konnte. Diese brutalen Ereignisse, die keine Einzelfälle waren, zeigen, wie fest die gekrönten Häupter damals an die Möglichkeit des Goldmachens glaubten.

Gemälde von Joan Stradanus von 1570. Heute im Palazzo Veccio in Flo-

Ein Gemälde, das Stradanus im Jahre 1570 malte und das heute im Palazzo Vecchio in Florenz hängt, zeigt ein alchemistisches Laboratorium von besonderem historischen Wert; denn es ist die einzige Abbildung, die einen Fürsten der Renaissance bei der Arbeit im Laboratorium zeigt. Man sieht hier Großherzog Francesco I. de Medice, wie er unter der Anleitung eines Adepten in einem Tiegel eine chemische Reaktion ausführt. Die hohe Wissenschaftlichkeit des Adepten kennzeichnet Stradanus auch hier wieder mit einer Brille, die der Adept im Gegensatz zu allen anderen - auch viel älteren Personen - trägt. Im Vordergrund steht ein Destillierapparat, der noch mit Luft gekühlt ist. Eine Kühlung mittels einer Kühlschlange, umgeben von Wasser, kannte man am Anfang der Destilliertechnik noch nicht. Im Hintergrund steht wieder der große Ofen, der sogenannte Faule Heinz, der durch einen Schacht in der Mitte gerade mit Holzkohle beschickt wird. Der "Faule Heinz" diente zum Arbeiten auf dem Wasserbad, auf dem sogenannten Balneum Mariae oder auf dem Sandbad. Das in einem alchemistischen Labor unabdingbare offene Feuer zum Schmelzen von Metallen brennt auch hier wieder im Hintergrund. Das Arbeiten in einem solchen alchemistischen Laboratorium war sehr gesundheitsschädlich. Die Öfen hatten keine Kamine, so daß der Rauch von den Holzkohlefeuern sich im Raum verteilte. Aber auch die Quecksilberdämpfe zehrten an der Gesundheit der Adepten und ihrer Gehilfen.

In vielen alchemistischen Laboratorien aber auch in vielen Apotheken des 16. und 17. Jahrhunderts waren Alligatoren beziehungsweise kleine Krokodile aufgehängt. Über die Bedeutung dieses seltsamen Symbols ist leider nichts überliefert. Eine Spekulation geht dahin, daß dieses exotische Tier das magische Tun an diesen Stätten symbolisieren sollte. Der hermetischen Philosophie folgend könnte man dieses Reptil aber auch als ein Symbol für das Feuer deuten; denn nach damaliger Vorstellung waren die vier Elemente - Wasser, Feuer, Luft und Erde - belebt. "Innwohner" waren die Elementargeister. So lebten in den Wassern die Nymphen und Sirenen, in der Erde die Gnome und Lemuren (Basilisken), in der Luft die Umbrati und die Satyren, und im Feuer lebten die Vulkanales und Salamander. Der Name Feuersalamander für den schönen gelb-schwarzen Salamander geht auf diese Vorstellung zurück.

Man kann sich vorstellen, daß die Alchemisten damals zwischen einem Alligator oder auch einem Krokodil und dem viel kleineren Salamander nur einen Unterschied in der Größe sahen. Und da Salamander zu klein waren, um sie im Laboratorium dekorativ und gut sichtbar aufzuhängen, symbolisierte der Alligator vielleicht die Magie des Feuers.

Das Feuer war den Alchemisten sehr wichtig; denn sie waren der Meinung: "Im Feuer liegt alle Macht zur Veränderung und die Lebenskraft wird aus dem Feuer geboren". Deshalb gingen auch die Feuer in den Laboratorien niemals aus, und fast alle Experimente wurden auf dem Feuer durchgeführt.

Alchemistische Symbole

Zur Abkürzung der von ihnen benutzten Stoffe, Geräte und Arbeitsmethoden verwendeten die Alchemisten in ihren Schriften geheimnisvolle Symbole. Diese hatten aber wahrscheinlich nicht nur den Sinn, die Texte zu verkürzen und teilweise zu verschlüsseln. Man muß annehmen, daß sie auch eine magische Bedeutung hatten.

Man findet die Symbole in allen alten Handschriften, wie in der auf der nächsten Seite abgebildeten Rezeptur aus dem Anfang des 17. Jahrhunderts. Die Symbole wurden noch bis ins 18. Jahrhundert in den Arzneibüchern benutzt.

Die Liste der Signa usualia stammt aus dem Dispensatorium Pharmazeuticum Viennense von 1729 (Wien)

- Acetum.
- Acetum destillatum.
- Aer.
- Æs ustum.
- Alumen.
- Amalgama.
- Amphora.
- Antimonium.
- Aqua.
- Aqua fortis.
- Aqua Regia.
- Arena.
- Argentum seu Luna.
- Argentum vivum seu Mercurius.
- Arsenicum.
- Auripigmentum.
- Aurum, & Sol.
- Balneum.
- Balneum Mariæ.
- Balneum vaporis.
- Calx viva.
- Cancer.
- Caput mortuum.
- Carbones.
- Cementare.
- Cineres.
- Cineres clavellati.
- Cinnabaris.
- Cornu cervi.
- Crucibulum.
- Cuprum & Venus.
- Dies.
- Ferrum, chalybs, & Mars.
- Destillare.
- Fiat.
- Filtrare.
- Hora.
- Ignis.
- Ignis rotæ vel circularis.
- Lumbrici terrestres.
- Lamina.
- Limatura.
- Lixivium.
- Magnesia.
- Massa Pilularum.
- Menstruum.
- Metallum.
- Mensis.
- Mercurius sublimatus.
- Mercurius præcipitatus.
- Nitrum.
- Nox.
- Oleum.
- Phiola.
- Phlegma.
- Plumbum, seu Saturnus.
- Præcipitatio.
- Præparare.
- Pulvis, & pulverisare.
- Purificare.
- Putrefacere.
- Quantum placet.
- Quantum satis.
- Quantum vis.
- Quinta Essentia.
- Recipe.
- Retorta.
- Regulus.
- Reverberare.
- Sal.
- Sal Alkali.
- Sal Armoniacum.
- Sal Gemmæ.
- Secundum artem.
- Spiritus.
- Stannum seu Jupiter.
- Stratum super stratum.
- Sublimatio.
- Sulphur.
- Tartarus.
- Terra.
- Tinctura.
- Vini Spiritus.
- Vini Alkohol.
- Vini Spiritus rectificatus.
- Viride Æris seu Ærugo.
- Vitrum, vel Alembicus.
- Vitriolum.
- Urina.

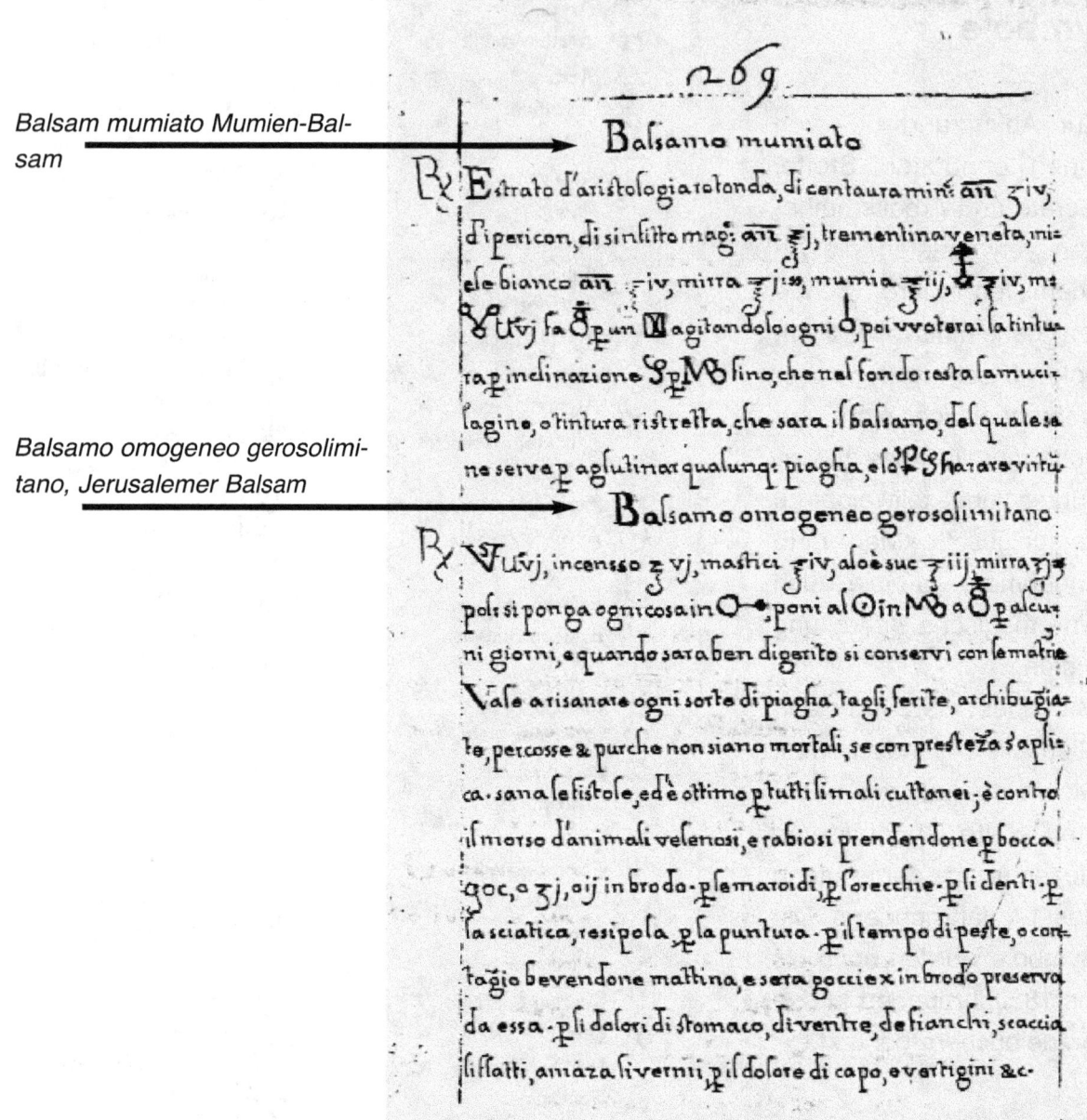

Balsam mumiato Mumien-Balsam

Balsamo omogeneo gerosolimitano, Jerusalemer Balsam

Handschrift einer Rezeptur aus der Apotheke der Franziskaner in Jerusalem in italienischer Sprache aus dem 17. Jahrhundert. Es handelt sich um die Rezeptur einer Wundarznei, die die Harze Weihrauch, Myrrhe, Aloe und Styrax in alkoholischer Lösung enthielt. Beim Verdunsten des Alkohols bildeten die Harze einen desinfizierenden Wundverschluß. Unter dem Namen Jerusalemer Balsam wurde die Arznei im 19. Jahrhundert auch in Deutschland bekannt.

Das fünfte Kapitel

Nachdem nun die Geschichte, die Philosophie und das erste große Ziel der Alchemisten, nämlich das Streben nach Naturerkenntnis, dargelegt worden sind, berichtet das fünfte Kapitel von dem zweiten großen Ziel, nach dem die Alchemisten strebten. Es berichtet vom Goldmachen.
Daß die Alchemisten die Transmutation der Metalle allegorisch ins Bild setzten, zeugt von ihrer unerschütterlichen Gläubigkeit, mit der sie ihre Ziele verfoglten. Denn die Umwandlung von Blei in Gold ist ihnen ja niemals gelungen ist.

Warnung vor dem Goldmachen

Das Goldmachen wurde nicht von allen Alchemisten für das Heil der Welt angesehen. Viele hatten wohl damals schon erkannt, daß dies eine Utopie sein könnte. Einer dieser Skeptiker der Transmutation war Michael Mayer. Er versuchte mit dem Titelbild zu seinem Werk "Atalanta fugiens" den nach dem Gold süchtigen Alchemisten zu sagen, daß es ein gefährliches Unternehmen ist, dem Golde nachzujagen, und daß dieses Jagen nach dem Gold Ähnlichkeit hat mit dem Werben um ein begehrtes Mädchen; denn so wie die Liebe blind macht, den oder die Geliebte wirklich zu erkennen, so macht auch die Jagd nach dem Gold blind, den zweifelhaften Vorteil zu erkennen, der sich aus dem Besitz des Goldes ergeben kann.

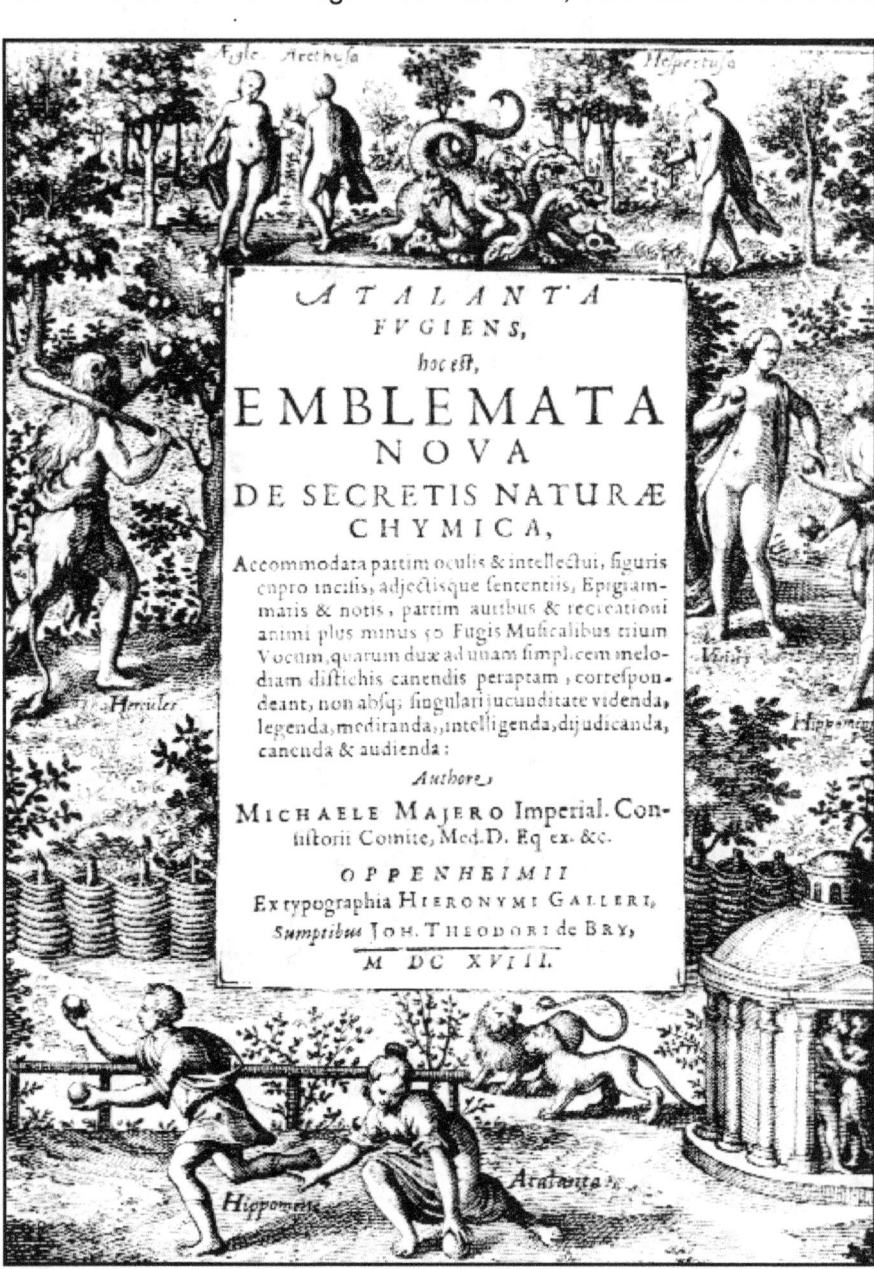

Die Warnung vor dem Goldmachen ist allegorisch verschlüsselt durch eine griechische Sage dargestellt, die Ovid berichtet. Danach wird die Sucht nach dem Gold von der schönen, schnellfüßigen, arkadischen Jägerin Atalanta verkörpert, die jedem Freier zur Bedingung machte, einen Wettlauf mit ihr zu bestehen, wobei der Freier mit einem Vorsprung vorauslaufen durfte, während sie, die begehrte Atalanta, erst später mit Abstand folgte. Holte sie ihn nicht ein, so war sie die Seinige. Verlor er, war sein Los der Tod. Atalanta übergab ihn dem Henker. Viele Freier hatten hierbei schon ihr Leben verloren, bis Hypomenes, der Sohn des Ares, mit Hilfe der Liebesgöttin Aphrodite (lat. Venus) die schellfüßige Atalanta überlistete. Dazu hatte Aphrodite dem Hypomenes einige goldene Äpfel gegeben (rechts im Bild), die er während des Laufes, einen nach dem anderen, der Atalanta in den Weg warf. Atalanta, vom Gold geblendet, sammelte die goldenen Äpfel auf und blieb zurück (unten). Hypomenes erreichte also das Ziel zuerst. Allein durch die Gier nach dem Golde war Atalanta besiegt worden.

Nun vergaß aber Hypomenes, der hilfreichen Göttin für den Sieg zu danken. Die hierüber erzürnte Aphrodite reizte Hypomenes daraufhin zu so heftiger Liebe zu Atalanta, daß er sich vergaß und seine Braut im Tempel des Zeus, also an heiliger Stätte, im Liebesrausch umarmte (rechts unten im Bild). Zur Strafe für diesen Frevel wurden die beiden Verliebten, wie man neben dem Tempel sieht, in Löwen verwandelt. Die Verwandlung der Atalanta und des Hypomenes in Löwen war in der Vorstellungswelt der Alchemisten eine folgerichtige Strafe; denn zusammen mit der Sonne ist der Löwe das Symbol für das Gold.

Die herrlichen goldenen Äpfel, die Hypomenes von Aphrodite bekam, stammten aus den Gärten der Hesperiden, die auf einer Insel im Weltmeer lagen, dort, wo der Riese Atlas das Himmelsgewölbe auf seinen Schultern trägt. Die Bäume mit den goldenen Äpfeln waren auf diese Insel gekommen, weil Hera von Zeus hier das erste Mal liebend umarmt worden war und weil Gaia, die mütterliche Erde, anläßlich dieser Vermählung die goldenen Äpfel der Hera zum Hochzeitsgeschenk gemacht hatte. In den Gärten der Hesperiden wurden die goldenen Äpfel seitdem von den Abendmädchen gehütet. Man sieht diese drei schönen Töchter der Nacht oben im Bild. Sie hießen Aegle, Arethusa und Hespertusa. Der oben in der Mitte zu sehende hundertköpfige Drache Ladon half den Abendmädchen bei der Bewachung der kostbaren goldenen Äpfel. Herkules jedoch tötete den Drachen und stahl drei Äpfel und schenkte sie der Liebesgöttin Aphrodite, die sie nun dem Hypomenes gab.

Das Goldmachen

Der Kupferstich auf der rechten Seite, der dem zweiten Band der Pharmacopoea medicophysica von Johann Schröder aus dem Jahre 1718 vorangestellt ist, ist wahrscheinlich die einzige allegorische Darstellung, die das eigentlich Unmögliche abzubilden versucht, nämlich die Umwandlung eines unedlen Metalls zu Gold. Die Allegorie ist auf den ersten Blick so rätselhaft, daß man glaubt, sie wäre nicht zu deuten; denn das Ausgießen einer offensichtlich kostbaren Flüssigkeit auf eine Kugel ist nicht nur unverständlich sondern auch in höchstem Maße unsinnig.

Die Inschriften auf dem Bild "Aus Einem mach Vieles" - also trenne - und "Aus Vielem mach Eines" - also konzentriere - geben jedoch einen eindeutigen Hinweis darauf, daß es sich hier nur um eine Allegorie handeln kann, die mit der Alchemie zu tun hat; denn diese beiden Regeln beschreiben zwei wichtige Grundsätze, die die Alchemisten bei der Suche nach dem Stein der Weisen in ihren Laboratorien zur Anwendung brachten. Das Trennen bezieht sich auf das Destillieren und Sublimieren, zum Beispiel zur Reinigung von Schwefel und Quecksilber. Das Konzentrieren bezieht sich auf den wichtigsten Prozeß bei der Herstellung des Steines der Weisen, nämlich auf die Anreicherung der roten Tinktur mit den Kräften der Natur.

Aber nicht dieses Geheimnis von der Suche nach dem Stein der Weisen, das heißt nicht das Geheimnis von der Herstellung der roten Tinktur ist hier allegorisch verschlüsselt. Die Allegorie zeigt vielmehr das große metaphysische Ziel allen alchemistischen Strebens und das war die Transmutation eines unedlen Metalls zu Gold durch die Kraft des Steines der Weisen, durch die Kraft der roten Tinktur. Diese Umwandlung sollte durch Benetzen eines unedlen Metalls mit der roten Tinktur geschehen; mit der Tinktur, die - wie oben schon ausführlich beschrieben - die Naturkräfte in einer geringen Menge Goldes als Konzentrat enthielt. Dieses Gold mit der Kraft des Steines der Weisen sollte wie ein Samen wirken, wie ein Ferment, das das unedle Metall anregt, sich schnell in Gold zu verwandeln.

Um das zu verstehen, muß hier daran erinnert werden, daß die Alchemisten ja in der Vorstellung lebten, daß Silber und Gold nicht von Anfang an in der Erde vorhanden gewesen sind. Sie glaubten ja vielmehr, daß diese Edelmetalle sich erst über die Jahrtausende in einer Art Evolution ganz langsam aus unedlen Metallen - wie z.B. aus Blei - in der Erde entwickelt haben. Die Naturkräfte, die dies in der Erde bewirkt hatten, wollten die Alchemisten in der roten Tinktur so stark konzentrieren, daß man damit den natürlichen Prozeß der Umwandlung im Laboratorien hätte schnell nachvollziehen können.

Auf dem Bild sieht man denn auch, wie der Gehilfe des Alchemisten die rote Tinktur auf ein unedles Metall - hier in Form einer Kugel dargestellt - ausgießt. Der Adept - der weise Philosoph - ist an der magischen Handlung nur insofern beteiligt, als daß er diese in Me-

ditation versunken begleitet, in der Hoffnung, auf diesem Wege neue Erkenntnisse über die Natur und das Wesen dieser Welt zu gewinnen, aber auch in der Hoffnung, daß sich durch die spirituelle Kraft seiner Gedanken, die einem Gebet gleichkamen, die Transmutation zu Gold vollziehen möge.

Das unedle Metall, das hier in Gold verwandelt werden soll, ist allegorisch in Form einer Kugel dargestellt. Vielleicht weil die Kugel ein Symbol für die Sonne ist; denn die Sonne entspricht in der Vorstellung von der Abhängigkeit des Mikrokosmos vom Makrokosmos dem Gold, mit dem zusammen sie auch ein und dasselbe alchemistisch Zeichen hatte. Mit dem Kind, das schweigend mit staunenden Augen die Handlung beobachtet, soll das Erstaunen dargestellt werden, das den in das Geheimnis nicht Eingeweihten überkommt. Über allem schwebt Hermes mit dem Kerykeion, dem magischen Zauberstab. Auch er, der Schutzgott der Alchemie, symbolisiert, daß es sich hier um die hermetische Wissenschaft, um die Alchemie handelt.

In der rechten Ecke der Allegorie ist ein Kranich zu sehen, der auf einem Bein steht. In der Kralle des anderen Fußes hält er einen Stein, der ihm entfallen würde, falls er einschäft. Der Kranich ist in dieser Haltung das Symbol für die Wachsamkeit. Die betenden Hände links oben stellen die Verbindung zu Gott her, der über den Makrokosmos auf den Mikrokosmos im hier dargestellten Labor seinen Segen geben sollte.

Erklärt werden muß auch das Wappenschild links unten, das einen Ouroborus, eine Schwanzfresser-Schlange zeigt. Diese Schlange ist ein wichtiges Symbol der hermetischen Mystik, denn die sich ewig selbst verschlingende und dabei immer wieder sich neu gebärende Schlange ist ein Symbol für das ewige Werden und Vergehen und damit für die Ewigkeit. Und da man den Stein der Weisen mit der ewig währenden Umwandlung der prima materia durch die Kräfte der Natur in Verbindung brachte, war der Ouroborus auch ein Symbol für den Stein der Weisen.

*

Eine Allegorie aus der Handschrift Pandora von 1550 (nächste Seite), die den Alchemisten wahrscheinlich während des "Großen Werkes" zur Meditation gedient hat, zeigt die Verbindung der Mystik des Ouroborus zur Philosophie der Alchemisten; denn einem der Krallenfüße des Ouroborus entwächst hier die alchemistische Blume, deren drei Blüten die Philosophie der Alchemie versinnbildlichen. Die blaue Blume steht für die Weisheit, die weiße für das weiße Elixier, mit dem man Silber, und die rote steht für die rote Tinktur, mit der man Gold herzustellen hoffte. Sonne und Mond im unteren Teil des Bildes sind wiederum die Symbole für die Eltern des Steines der Weisen. Merkur in der Mitte symbolisiert noch einmal den Stein der Weisen selbst.

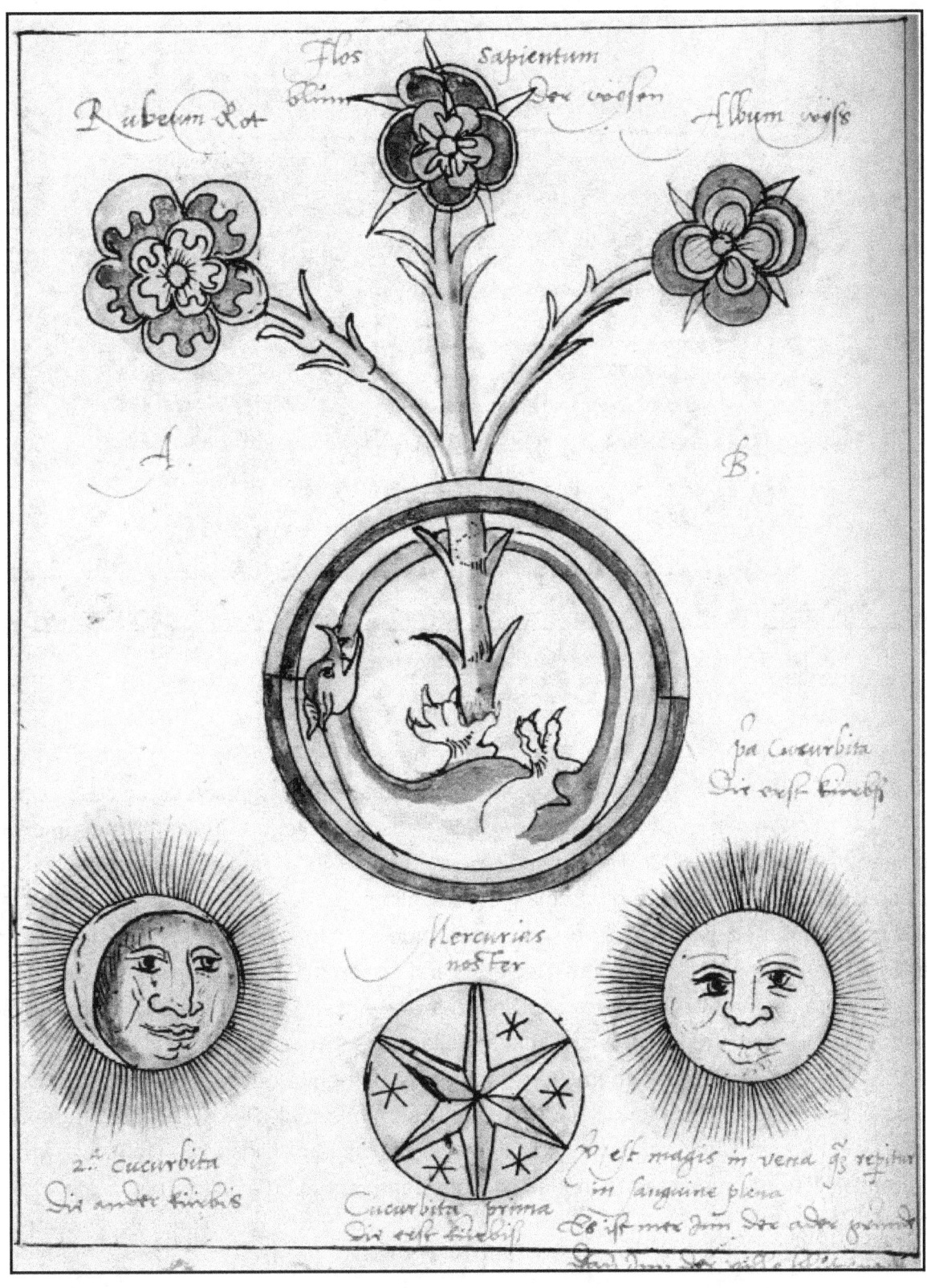

Aus Stolcenberg: Viridarium chymicum, Frankfurt, 1624

In einer schwierig zu deutenden, aber darum besonders typischen Allegorie wird das "Große Werk" im Jahre 1624 von Stolcenberg dargestellt. Allegorisch verschlüsselt wird der Stein der Weisen geboren, wenn der Löwe als das Symbol für den Vater und die Schlange als das Symbol für die Mutter sich vereinigen. Hier wird die chemische Hochzeit symbolisiert, indem der Löwe die Schlange verschlingt.

Außerdem wird hier - wie sonst wohl in keiner anderen Allegorie - deutlich gemacht, daß der Stein der Weisen die Kraft zum Tingieren erst bekommt, wenn er in einem Schmelztiegel mit drei Teilen Gold erhitzt wird. Die Goldwaage weist darauf hin. Auch die beiden Blüten, die aus dem Tiegel herauswachsen, sollen dies symbolisieren.

Das Symbol des Merkur über dem Tiegel soll den Lapis philosophorum versinnbildlichen. Diese Gleichsetzung von Merkur und Lapis philosophorum ist eine der Ungereimtheiten, auf die man immer wieder in der Symbolik der hermetischen Philosophie stößt. Sie wurde wahrscheinlich von manchen Alchemisten vertreten, weil auch Merkur häufig als Hermaphrodit abgebildet wurde.

Das sechste Kapitel

Nach dem Goldmachen, dem zweiten großen Ziel der Alchemisten, geht es in diesem Kapitel nun um deren drittes ebenso wichtiges Ziel bei ihrer Suche nach dem Stein der Weisen.

Es geht um das Allheilmittel, um die uralte Sehnsucht der Menschen nach ewiger Gesundheit, ewigen Jugend und Überwindung des Todes.

Das Mysterium Krankheit

Die magischen und mythologischen Vorstellungen, die die Menschen der Renaissance über das Entstehen und die Ursachen von Krankheiten hatten, beschreibt Robert Fludd 1631 (1574-1637) ausführlich in seinem Buch "Integrum morborum mysterium". Dieses zu allen Zeiten für den Menschen so wichtige Thema ist von Fludd in einem Kupferstich bildlich dargestellt worden. Das Bild zeigt vor allem, daß die Menschen damals die Ursachen für das Krankwerden ausschließlich außerhalb des menschlichen Organismus gesucht haben. Es waren die Einflüsse der Gestirne, es war der für die Sünde strafende Gott, es waren die verschiedensten Winde und natürlich auch Dämonen der verschiedensten Art, die damals für das Krankwerden verantwortlich gemacht wurden.

Auf dem Bild wird die Gesundheit durch ein Bollwerk symbolisiert, das das Eindringen der verschiedenen krankmachenden Mächte mit seinen starken Mauern abwehrt. Daß sich die Menschen Gott damals nicht nur als den gütigen Vater vorgestellt haben sondern auch als den strafenden Rächer, ist für unser heutiges Verständnis eine makabere Vorstellung. Aus den Texten des Alten Testaments folgerte man, daß der, der von Krankheit befallen war, schon hier auf Erden das Strafgericht Gottes für seine Sünden zu spüren bekommt.

So ist der Kupferstich von Fludd auch analog dem biblischen Bild vom Jüngsten Gericht angelegt. Dort wie hier erschallen die Posaunen von allen vier Enden der Welt. Und folgerichtig benutzt Robert Fludd auch Texte aus dem Alten Testament, um das Eingreifen des strafenden Gottes deutlich zu machen. Die biblischen Worte des Verderbens, die der rächende Gott spricht, brechen aus den Wolken der vier Himmelsrichtungen hervor und treffen auf das Bollwerk der Gesundheit im Mittelpunkt des Bildes. Die dicken Mauern sollen die robuste Gesundheit des Menschen symbolisieren. Jedoch sie halten nicht jedem Ansturm von krankmachenden Dämonen stand.

So vernehmen wir von Osten die Grauen erregenden Worte des Verderbens aus dem 5. Buch Moses Vers 28/20, die Gott gegen das Bollwerk der Gesundheit schleudert:

"Weil du meine Gesetze nicht beachtet hast, will ich dich bestrafen mit Krankheit und Fluch bis du vernichtet und schleunigst vertilgt bist wegen deiner Übeltaten".

Von Norden erschallt die Stimme Gottes mit dem Vers 28/15 des 5. Buches Moses:

"Weil du nicht der Stimme deines Herrn gehorchst, und weil du nicht alle Gebote beobachtest, die ich dir anempfehle, so kommen über dich alle diese Flüche."

Mit dem Vers 12/15 aus Johannes und mit Maccabäer 9/27 nennt Gott vom Westen her nun ganz konkret diese Flüche beim Namen:

"Siehe, Er hält die Wasser zurück und es versiegt, doch Er sendet es aus und es verwüstet die Erde", - und *"Eine große Drangsal entstand in Israel, wie noch keine gewesen war seitdem kein Prophet mehr unter uns auftrat".*

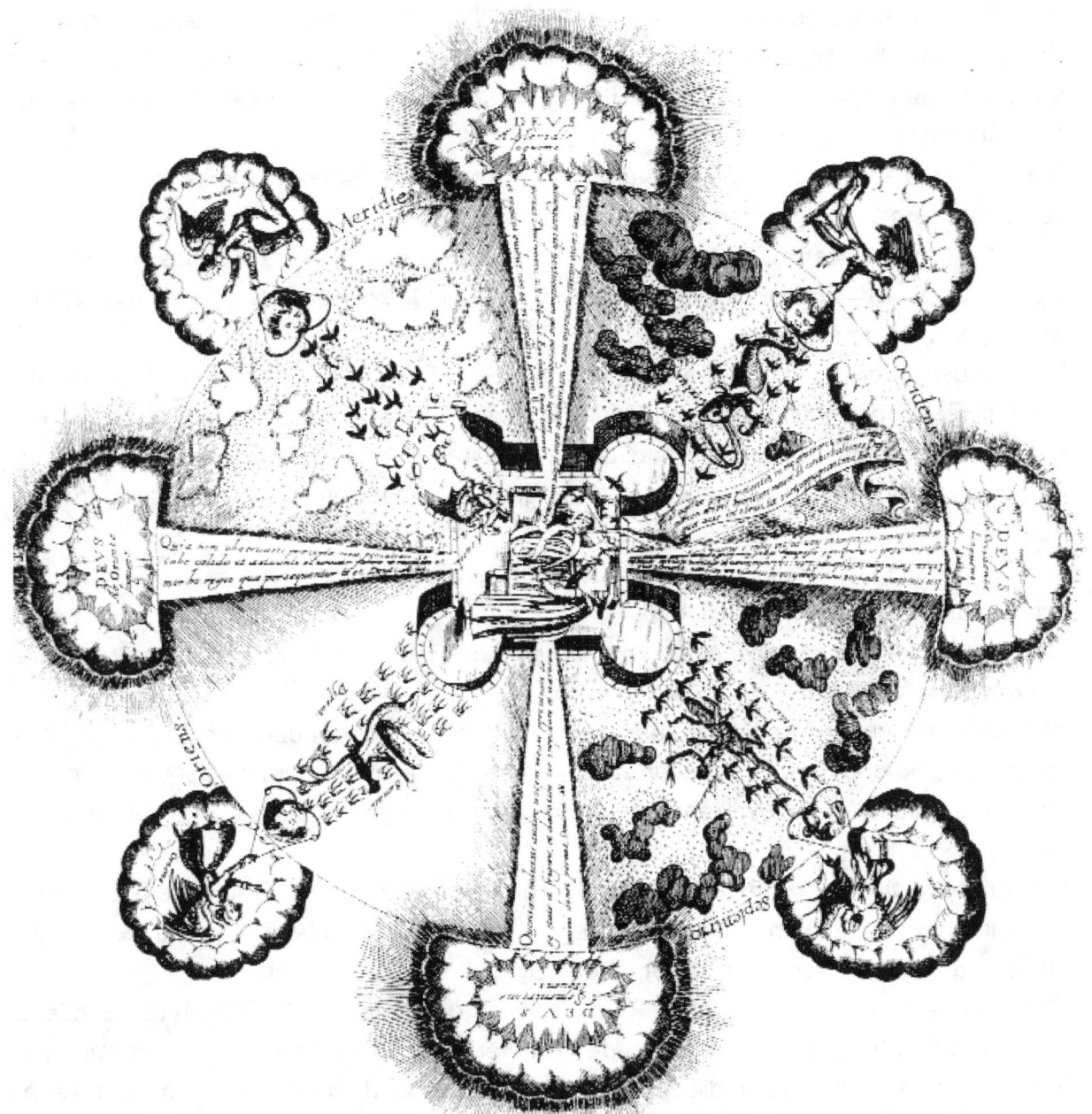

Das Menschenbild des Paracelsus Theophrastus von Hohenheim, von dem noch ausführlich die Rede sein wird, entwickelte sich aus der Makrokosmos-Mikrokosmos-Vorstellung:
Der Kupferstich aus Robert Fludds Werk "Integrum morborum mysterium" von 1631 Illustriert symbolisch den Zusammenhang von Makrokosmos und Mikrokosmos im Bereich der Medizin: Die Gesundheit des Menschen ist unter anderem abhängig von positiven und negativen Einflüssen. In der Nachfolge Paracelsus' sieht Fludd - einer der engagiertesten frühen Paracelsisten - den Arzt in der Rolle dessen, der die günstigen kosmischen Kräfte, die auf den Patienten einwirken, erkennt und zu unterstüzen sucht.

Der Vers Lukas 14 spielt dann auf die ärztliche Kunst an, die in dieser Not die einzig schwache Hoffnung sein kann:

"Siehe, da war ein wassersüchtiger Mann vor ihm. Jesus fragte die Gesetzeslehrer: ist es erlaubt am Sabbat zu heilen"?

Die schlimmsten Verheißungen Gottes jedoch kommen aus dem Süden mit dem Vers 28/25 aus dem 5. Buch Moses und aus Jeremias Vers 8/17:

"Der Herr wird die Pest an dir haften lassen bis er dich aus dem Lande vollends vertilgt hat", - und *"Ja, ich sende giftige Schlangen unter Euch. Kein beschwören hilft gegen sie, und sie werden euch beißen unheilbar".*

Diese Bibelsprüche, diese Worte des erzürnten Gottes strömen auf der kreisförmigen Abbildung von Robert Fludd alle vom Rand nach der Bildmitte. Fast alle Prophezeihungen prallen an den Mauern des Bollwerks der Gesundheit ab. Nur der Bannstrahl Gottes aus dem Süden durchbricht die Mauern und dringt an das Ohr des Kranken im Innerern des Bollwerks.

Der Kranke aber, obwohl ihm ein Arzt beisteht, ruft in der Erkenntnis seiner Schuld verzweifelt die Botschaft Hiobs (Hiob 6/4):

"Denn die Pfeile des Allmächtigen stecken in mir; es trinkt mein Geist ihr Fiebergift, und die Schrecknisse Gottes rüsten sich gegen mich".

Aber es sind nicht nur die Worte des strafenden Gottes, die von den vier Enden der Welt erschallen und den Kranken in Schrecken versetzen. Vielmehr stürmen auf dem Bild des Verderbens aus dunklen Wolken auch die vier Winde gegen das Bollwerks der Gesundheit.

Mit dem Nordwind kommt das Verderben in Form eines Dämons, der auf einem Salamander reitet, und der seinen giftigen Pfeil gegen das Bollwerk schleudert, ohne jedoch eindringen zu können. Der Salamander ist das Symbol für das "Element" Feuer.

Ebenso düster wie der Nordwind ist der Westwind dargestellt. Sein Dämon rennt reitend auf einem Delphin gegen die Mauern des Bollwerks an. Er ist so stark, daß er, wie eine Schwalbe es andeutet, durch die Ritzen der Mauern bis zu dem Kranken vordringen kann. Aber die Mauer hält stand. Der Delphin symbolisiert das "Element" Wasser.

Der Ostwind kommt bei klarem Wetter auf einer geflügelten Schlange reitend einher. Sein Dämon schwingt eine Keule. Doch das Bollwerk der Gesundheit widersteht auch diesem Angriff. Die geflügelte Schlange symbolisiert das "Element" Luft.

Endlich kommt mit dem Südwind die Katastrophe. So wie die schlimmsten Prophezeihungen Gottes aus dem Süden kamen und zum Kranken vordringen konnten, so ist auch der schlimmste und stärkste der vier Winde der Südwind. Ihm gelingt es, das Bollwerks der Gesundheit zum Bersten zu bringen und einzudringen in das Gemach des Kranken, um ihn zu töten. Natürlich ist der Dämon des Südens auch der Übelste unter den Dämonen. Es ist der berüchtigte Basilisk, der Hahn mit dem Schlangenschwanz, dessen Blick allein schon jeden tötet und dessen Atem alles Wachstum in seiner Umgebung zerstört. Der Basilisk ist der Dämon des Elementes Erde, der der Mensch verhaftet ist.

Das Integrum morborum mysterium von Robert Fludd zeigt eindrucksvoll, daß die Menschen damals nur kosmische und überirdische Ursachen für ihre inneren Krankheiten verantwortlich machten. Und so wird es für uns Heutige verständlich, daß die Menschen damals fest an die Hilfe von Arzneien glaubten, die eine überirdische, eine kosmische Qualität hatten. Eine solche Arznei war die rote Goldtinktur; denn sie enthielt nach dem Glauben der Menschen damals die Kräfte des Stein der Weisen, sie enthielt die Kräfte der Natur.

Daß man den Basilisken und Hiob mit Krankheit in Verbindung brachte, zeigt auch das nebenstehende Bild aus dem Jahre 1540. Man sieht hier den unglücklichen Hiob des Alten Testaments als einen alten, aussätzigen Mann, den der Herr in die Hand des Satans gab.

"Da fuhr Satan aus vom Angesicht des Herrn und schlug Hiob mit bösen Schwären".

Der Satan ist hier dargestellt durch den Erdgeist, durch den Basilisken, der auf Seite 114 bis118 ausführlich beschrieben ist.

*Hiob als Aussätziger.
Aus: H. von Gersdorf, Feldtbuch der Wundarzney. Straßburg Johann Schott 1540*

Heilen mit dem Stein der Weisen

Daß die Alchemisten an eine Erlösung von Krankheit und Tod durch ein Allheilmittel, das sie Panacee nannten, in der Tat geglaubt haben, beweist ein Kupferstich aus der zweiten Hälfte des 16. Jahrhunderts, der sich in der graphischen Sammlung des Germanischen Nationalmuseums in Nürnberg befindet. Dieser Stich, der den Titel Panacea trägt hat allegorisch verschlüsselt die Sehnsucht der Alchemisten nach dem Heilen mit dem Stein der Weisen zum Thema.

Die mit dem griechischen Mythos des Asklepios verschlüsselte Allegorie erschließt sich dem Betrachter, wenn er den lateinischen Text unter dem Kupferstich zu Rate zieht. Dieser sagt nämlich, daß die Göttin Panacea hier nicht nur als eine mächtige Heilerin abgebildet ist, sondern daß sie darüberhinaus auch und vor allem über den Tod gebieten kann. Die deutsche Übersetzung der Inschrift lautet:

> "Die mächtige Panacea gibt den kummerbeladenen Sterblichen
> die Mittel, die die Seelen der Verstorbenen in die Welt zurückrufen können.
> Sie gibt die Mittel, die sowohl Krankheiten als auch
> heftige Schmerzen hinwegnehmen
> und so dem Körper wirksame Heilung bringen."

Diese für unser heutiges Verständnis weit überzogene Vorstellung von den Möglichkeiten zu heilen war für die Menschen in der Renaissance durchaus glaubwürdig. Denn viele Ärzte waren damals zugleich Alchemisten. Sie vertraten eine neue auf der Alchemie beruhende Medizin, und die sollte nach dem Selbstverständnis dieser Wissenschaft wahre Wunder wirken. Die neue Medizin stützte sich auf Ideen des damals schon berühmten Arztes Paracelsus (1494-1541), der gerade eine Generation vor dem Entstehen dieser Allegorie die Medizin revolutioniert hatte, indem er den bis dahin gebräuchlichen Arzneischatz aus der Pflanzen- und Tierwelt um chemischen Mitteln erweitert hatte. Der Arzt und Alchemist Paracelsus hielt im Gegensatz zu vielen Alchemisten seiner Zeit nicht viel von den Versuchen Gold herzustellen. Er forderte die Alchemisten auf, nicht weiter nach dem Golde zu suchen, sondern ihr chemisches Wissen einzusetzen, um die Arcana zu finden, die geheimen Heilmittel. Wörtlich schrieb Paracelsus damals:

"nicht als die (Alchemisten) sagen, alchimia mache gold, mache Silber hie(r) ist das fürnehmen (vorzunehmen),
mach arcana und richte dieselbigen gegen die krankheiten......"

Jedoch viele Alchemisten suchten weniger nach irgendwelchen neuen chemischen Heilmittel mit besserer Wirkungen im Sinne des Paracelsus. Sie suchten vielmehr entsprechend ihrer Philosophie weiter nach dem Stein der Weisen, der ja in der Form der roten Tinktur das Allheilmittel schlechthin sein sollte, ein Allheilmittel, das alle Krankheiten heilen und vom Tod erlösen würde - so wie es die Unterschrift unter dem Bild der Panacea behauptet.

Johann Stradanus oder wer auch immer hinter der Idee zu dieser nicht signierten Allegorie gestanden haben mag, hat die Vorstellungen vom Allheilmittel der Alchemisten mittels der griechischen Mythologie allegorisch verschlüsselt. Für den gebildeten Menschen der Renaissance waren solche Allegorien nicht so schwer verständlich wie für uns heute; denn der Gebildete kannte sich damals in der griechischen Mythologie aus. Und was dieses Bild betrifft, so kannte er ganz sicher auch den griechischen Mythos des Asklepios (lat. Äsculap), wonach Apollon seine Geliebte, die Koronis, ermordete, weil sie ihm untreu geworden war, als sie bereits ein Kind von ihm erwartete. Während man die Tote verbrannte, entriß Apollon das ungeborene Kind den Flammen und brachte es zu dem Kentauren Chiron, der es Asklepios nannte und aufzog, und der ihm vor allem die Heilkunst lehrte.

Asklepios mit Stab und Schlange und einem Genius, der ihm das Skalpell hät.

In der Heilkunst brachte es Asklepios zu großer Meisterschaft, und zwar besonders deshalb, weil er mit Hilfe des ihm von Athene beschafften Blutes der Medusa sogar Verstorbene wieder zum Leben erweckte.

Athene war in den Besitz des Blutes gekommen, weil Perseus in ihrem Auftrag und mit ihrer Hilfe dem schlangenhaarigen Ungeheuer Medusa das Haupt abgeschlagen hatte. Das Geheimnis und die Macht mit dem Blute der Medusa zu heilen und damit auch den Tod zu besiegen hat Asklepios seiner Tochter Panacea vererbt. Und so wurde die Göttin Panacea von den alten Griechen und auch von den Menschen der Renaissance als die personifizierte "Allheilende" angesehen.

Als es den Alchemisten bei ihren Experimenten auf der Suche nach dem Allheilmittel dann eines Tages vermeintlich gelang, Gold in Lösung zu bringen, wobei eine Tinktur von blutroter Farbe entstand, gaben sie dieser roten Goldtinktur, der griechischen Mythologie folgend, den Namen der mit dem Blut der Medusa heilenden Göttin Panacea. Diese Arznei mit dem Namen Panacee, dieses mystische Allheilmittel, enthielt nach der Meinung der Alchemisten die Kraft des Steines der Weisen.

Vor diesem mythologischen Hintergrund kann man den Sinn verstehen, der auf dem Bild hinter der Göttin Panacea allegorisch verschlüsselt ist. Die allheilenden Göttin blickt auf ein Gefäß aus Glas, das sie in ihrer erhobenen linken Hand demonstrativ zur Schau stellt. Dieses Gefäß kann der griechischen Mythologie zufolge nur mit der mystischen roten Goldtinktur, mit der Panacee des Lebens, gefüllt sein. Die Göttin Panacea schaut hier also auf das Allheilmittel, das ihren Namen trägt, und das, wie schon erwähnt, nach dem Glauben der Alchemisten und vieler damaliger Ärzte die Menschheit von Krankheit und Tod würde erlösen können.

Aber damit nicht genug. Um die Wirkung der allheilenden roten Goldtinktur dem Betrachter ganz augenfällig zu machen, stellt der Künstler dem Mythos der allheilenden Panacea noch den Mythos der Krankheit und Tod bringenden Pandora gegenüber; denn bei der Büchse mit dem geöffneten Deckel in der rechten Hand der Panacea, kann es sich nur um die berüchtigte Büchse der Pandora handeln. Es ist die Büchse, von der der griechische Mythos sagt, daß allein durch sie Krankheit, Schmerzen und Tod über die Menschheit gekommen sei.

Pandora war nämlich einst im griechischen Götterhimmel von Hephaistos (lat. Vulkanus) auf Befehl des erzürnten Zeus aus Erde, die mit Wasser angerührt war, zu dem einzigen Zweck erschaffen worden, den Menschen die Gottgleichheit wieder zu nehmen, zu der sie gekommen waren, als Prometheus den Göttern das Feuer gestohlen und den Menschen gebracht hatte.

Pandora war als ein liebreizendes, engelsgleiches Wesen geschaffen und von den Göt-

tern mit den verschiedensten verführerischen Eigenschaften ausgestattet worden.
Athene hauchte ihr das Leben ein und schenkte ihr die Geschicklichkeit. Von Aphrodite bekam Pandora den Liebreiz, von Hermes aber den hündischen Sinn und die tückische Arglist. Die Charitas zierte sie mit Kleinodien. Und weil sie von fast allen Göttinen und Göttern mit etwas begabt worden war, bekam sie den Namen "Pandora", das heißt: Mit allen Gaben beschenkt.

So ausgestattet schickte Zeus die ahnungslose Pandora mit einer verschlossenen Büchse zur Erde, die alle Übel enthielt, die die Menschheit treffen können. Arglistik schickte der Göttervater die liebreizende Pandora zu dem etwas einfältigen und im Denken langsamen Epimetheus, dem Bruder des Feuerdiebes Prometheus. Und der ließ sich betören als Merkur ihm die so liebreizende Pandora überbrachte. Er ließ sich betören, obwohl sein vorausschauender Bruder ihn eindringlich gewarnt hatte, ja kein Geschenk von Zeus anzunehmen, da ein Geschenk von Zeus ihm selbst und den kommenden Generationen ein Übel sein werde.
Gar bald erfuhr Epimetheus, wie sehr er betrogen und getäuscht worden war; denn als er die Büchse, die Pandora ihm als Geschenk des Zeus mitgebracht hatte, öffnete, um zu sehen, was darinnen sei, fuhr alles Unglück, Krankheit, Not und Tod heraus und verbreitete sich auf der Erde. Nur die Hoffnung, die die Menschen in all dieser Not besonders nötig gebraucht hätten, blieb in der Büchse zurück, als Pandora den Deckel der Büchse geschwind wieder schloß.

Bis zu diesem "Sündenfall", bis zur Verführung des Epimetheus durch Pandora, hatten die Menschen nach der griechischen Mythologie auf der Erde wie im Paradies gelebt ohne Krankheit, Schmerzen und Tod.

Entsprechend dieser mythologischen Vorstellung, kann die geöffnete Büchse der Pandora in der rechten Hand der Göttin Panacea - allegorisch verschlüsselt - nur bedeuten, daß sie diese seinerzeit arglistig verschlossene Büchse mit der Kraft ihres Allheilmittels, mit der roten Goldtinktur in ihrer linken Hand, nun wieder geöffnet hat, um so der Menschheit endlich die damals darin zurückgehaltene Hoffnung zu bringen. Panacea erlöst also mit dem Stein der Weisen, mit der nach ihr benannten roten Goldtinktur der Alchemisten, die Menschheit von der Hoffnungslosigkeit und von Krankheit und Tod.

Wenn man nun bedenkt, daß die Alchemisten sich den Stein der Weisen in ihrer Philosophie als ein "metaphysisches Wesen, das Seinesgleichen sucht" vorgestellt haben, so sind Parallelen zum alttestamentarischen Sündenfall und zur christlichen Vorstellung von der Erlösung ganz offenkundig. So wie Adam von Gott davor gewarnt worden war, vom Baum der Erkenntnis zu essen, so war Epimetheus von seinem Bruder Prometheus davor gewarnt worden, von Zeus, dem Göttervater, ein Geschenk anzunehmen. In beiden Fällen ist die Neugierde des Mannes die Triebfeder des Sündenfalls. In beiden Fällen wird der Gewarnte von einer Frau verführt. In beiden Fällen wird Gottes Warnung mißachtet. Und in beiden Fällen kommt Krankheit und Tod und der Verlust des Paradieses über die Menschen. Die Erlösung kommt dann in beiden Mythologien in der Form eines überirdischen Wesens. Und wenn man die Sache bis zu Ende denkt, drängt sich für den Christen die makabre Vorstellung auf, daß in beiden Fällen die Erlösung letztendlich durch das Blut eines überirdischen Wesens - hier Medusa, dort Christus - erfolgt.

Die erstaunliche Parallelität zwischen der christlichen Heilslehre und einer hier aus der griechischen Mythologie hergeleiteten Erlösung, zeigt die spirituelle Kraft, die der Alchemie eigen war. Es liegt die Annahme nahe, daß die Alchemisten mit dieser Allegorie ihr aus heidnischen Quellen kommendes Allheilmittel, ihre Panacee, symbolhaft mit dem Erlösungswerk Christi verbinden wollten; denn die Alchemisten waren gläubige Christen. Die Kraft des Steines der Weisen kam für sie von Gott.

Es ist bemerkenswert, wie der Künstler zur allegorischen Verschlüsselung des Themas vom Heilen mit dem Stein der Weisen eine Beziehung zwischen zwei eigenständigen antiken Mythologien herstellt, eine Beziehung, die in der Antike nicht bestanden hat; denn der Mythos des Asklepios und seiner allheilenden Tochter Panacea hatte in der Antike keine Beziehung zu dem Mythos der unglückbringenden Pandora. Insbesondere bleibt die Büchse der Pandora in der Mythologie der Griechen für immer verschlossen. Es gab keine Erlösung. Die Hoffnung blieb für alle Zeiten in der Büchse gefangen.

Wie viele andere "Glücksbringer" so haben also auch die Alchemisten mit dem Stein der Weisen versucht, den alten Menschheitstraum vom Paradies auf Erden wahrzumachen. Sie versuchten Gold zu machen, um sich aller materiellen Not auf dieser Erde zu entledigen und mit der Panacee hofften sie, alle Krankheiten, ja sogar deden Tod zu überwinden.

Die Vorstellung von der Auferweckung Verstorbener wurde im Mittelalter für nicht ganz so unmöglich gehalten wie heute, da manche Erzählungen der Bibel von sol-

Auferstehung der Frau Richmuth, einer Scheintoten, im Jahre 1357

chen Ereignissen berichten. Verstärkt wurde dieser Glaube durch das Vorkommen des Scheintodes. Einen solchen Fall schildert die obige Abbildung, die sich 1357 in Köln auf dem Friedhof zu St. Aposteln zugetragen hat. In einem Gedicht wird erzählt, die Leiche sei von dem Totengräber zum Zwecke der Beraubung wieder ausgegraben worden.
"Da nun der Knecht den Deckel aufbricht
Als bald sich da die Frau aufricht."
Die Macht der "Roten Tinktur" rückte durch solche Ereignisse in den Bereich des Möglichen. Die Alchemisten haben den Stein der Weisen nicht finden können. Sie konnten den uralten Menschheitstraum von ewiger Gesundheit und ewigem Leben nicht erfüllen. Und so kommt es, daß unsere Wissenschaftler als moderne Adepten noch heute weiter nach dem Stein der Weisen suchen. Sie suchen nach Ersatzorganen und hoffen auf die Gentechnik, um den Tod zu überwinden.

Die Goldtinktur - der Stein der Weisen als Trinkgold

Obwohl es den Alchemisten trotz größter Bemühungen nicht gelungen ist, das Allheilmittel in der Form des aurum potabile, also in der Form des Trinkgoldes herzustellen, gab es doch viele Scharlatane, die von sich behaupteten, im Besitz dieser Wundermedizin zu sein, und die in betrügerischer Absicht versuchten, damit Geld zu machen. Ein authentischer Bericht über so einen Fall ist in den Ratsprotokollen der kleinen Stadt Glatz (heute poln. Klodzko) in Schlesien überliefert, als dort im Jahre 1680 die Pest ausgebrochen war. Es heißt dort: Die Kunde von der tödlichen Seuche (in Glatz) drang auch in das nahegelegene Reichenstein, wo der Alchemist Michel Knoff wohnte. Er hielt sich für einen gottbegnadeten Mann, und so bot er dem Glatzer Rat freiwillig seine Hilfe an, indem er am 9. Mai 1680 zur Heilung der Pest drei Fläschchen Goldtinktur nach Glatz schickte und dazu schrieb:

"Ich übersende dem Bürgermeister und dem Rate diese Fläschchen zur Probe, daß sie damit bekannt werden und ihres großen Schadens und Unglücks loskommen möchten. Gott hat mir verliehen und gegeben durch sonderbare Mittel und Handgriffe eine Medizin zu präparieren, welche allerhand giftige und hitzige pestilenzische Krankheiten hinwegnehmen kann ohne alle Purganz (Abführen) und schweißtreibende Medikamente. Sie nehmen auch hinweg die großen Kopfbeschwerden und machen einen guten Appetit zum Essen. Sie ist in allen Krankheiten gut zu gebrauchen, absonderlich aber in dieser giftigen Seuche. Diese Medizin wird aus einem dazu bereiteten Golde präpariert, wovon sie Titel und Namen trägt: "Tinctura auri". Die drei Fläschchen sind für drei Personen gerechnet und sollen in folgender Weise angewendet werden: Wenn der Mensch sich infiziert findet, so nehme man zwei Lot der Tinktur und gieße sie in einem gläsernen oder zinnernen Gefäße in ein halbes Quart Wasser aus einem reinen Brunnen und trinke immer davon nur frisch ein Trünklein nach dem anderen. Der Mensch darf darauf weder fasten noch sonst etwas entbehren, allein wenn er etliche Trünklein getan, so soll man ihm an dem Arme die Medienader lassen, in welcher Seite es den Kranken am härtesten drückt und sticht. Will es sich hernach in der anderen Seite nicht auch bald verlieren, so muß man am selben Arm auch Ader lassen, sobald es wegen der Mattigkeit nur sein kann. Wenn es aber die Not nicht mehr erfordert, so kann es unterbleiben, denn diese Tinctura auri ist sehr kräftig, solches Gift zu vertreiben und das Herz zu stärken und den Spiritus vitalis (den Lebensgeist) im Herzen zu halten. Doch Branntwein und anderer hitziger Trank ist dabei zu meiden". Der Rat war erfreut über dieses Anerbieten und verfaßte am 23. Mai ein Dankschreiben für die übersandten drei Fläschchen Tinctura auri. Er hatte die Absicht, eine weitere Bestellung zu machen, wenn dieses Kurativmittel den ihm zugeschriebenen Effekt erreichen würde. Darum erkundigte er sich auch nach dem Preis und ob diese Tinctura nicht auch als Präventivmittel dienen könne. Das Antwortschreiben wurde jedoch nicht abgeschickt, weil, wie der Stadtschreiber dazu bemerkt hat, der Stadtarzt Dr. Pörscher hiervon nichts hielt. Dieser machte in der Ratskommission am Mittwoch den 17. Juni seine Gründe dagegen geltend. Die Goldtinktur wurde vom Rat nicht bestellt. Der Arzt genoß offensichtlich großes Vertrauen.

Dieser Bericht zeigt sehr anschaulich, wie die Scharlatane unter den Alchemisten ihr Geschäft betrieben. Er zeigt aber auch, daß man am Ende des 17. Jahrhunderts in ärztlichen Kreisen oft schon fortschrittlich dachte und auf Wundermedizin nicht mehr so ohne weiteres hereinfiel.

Als Beispiel für eine solche kostbare rote Goldtinktur soll hier aus dem Arzneibuch des Johann Schröder von 1641 die folgende Rezeptur mitgeteilt werden. Sie soll, wie die lateinische Überschrift aussagt, ein vorzügliches Mittel gegen die "Jammerkranheit gewesen sein.

Tinctura Rubini Auri ad deploratores morbus praestantissima
Rp.
Des reinsten Goldes ein halbes Pfund
Ungarischen Spießglases (Antimonmineral) drei Pfund

Thue es wohl vermischen in einem Tiegel, laß es fliessen, geuß es aus, doch also, daß es keinen Regulum (Bodensatz) gebe. Hiernach treibe und reibe es zum subtilen Pulver, calcinier (oxidier) es, wie man damit zu verfahren pfleget, wenn man das Antimonium zum Glase macht: dieses thue so lange, bis es nicht mehr raucht; letztlich thue alles in einen Tiegel, laß es eine Viertelstunde fliessen, bis der meiste Theil des Goldes in ein röthliches Pulver, wie ein Glas geworden, welches in ein kupfern Becken gegossen zu Boden fällt. Also hast du ein Rubinen=Gold=Pulver.

Dieses durchscheinenden Rubines, der pulverisirt, geuß des rectificierten (gereinigten) Alkohol 4 quer Finger hoch drüber, schleuß das Gefäß wohl, digerier (Ausziehen mit Alkohol) es am warmen Ort, so erlangst du eine rothe Tinktur.

Wichtig war, daß die Goldtinktur eine blutrote Farbe hatte; denn die Farbe rot wurde mit dem Gold gleichgesetzt. Aus diesem Grund glaubten die Alchemisten auch, daß die Johanniskrauttinktur, die man durch Ausziehen von Blüten des Johanniskrautes mit Alkohol erhält, goldhaltig sein müßte; denn diese Tinktur hat durch ein in den Blüten enthaltenes Öl eine blutrote Farbe.

Aus diesen mytischen Gründen findet man die Blüten des Johanniskrautes in manchen alten Rezepturen. So zum Beispiel in dem "Balsamum vulnerarium efficacissimum" von Oswald Croll aus dem Jahre 1608. Hier waren die Johanniskrautblüten das unverzichtbare spirituelle Element, ohne das selbst eine Wundarznei damals nicht gedacht werden konnte. In der Vorstellung der Menschen wirkten Arzneien damals weniger durch ihre Inhaltsstoffe als vielmehr durch transzendente Kräfte des Makrokosmos, das heißt der Sternenwelt.

Die Gebrauchsanweisung für ein Aurum potabile aus dem Labor des Johann Walter aus Ober-Weißbach zählt fast alle Krankheiten auf, die man überhaupt haben kann. Das Trinkgold war also ein "echtes Allheilmittel".

Paracelsus

Das Experiment mit Quecksilber und Schwefel, wie es in den vorhergehenden Kapiteln beschrieben wurde, ist nicht nur in Bezug auf die Philosophie der Alchemisten von Bedeutung, es ist auch medizinhistorisch wichtig; denn der große Paracelsus, der gleichermaßen Arzt wie auch Alchemist gewesen ist, baute auf eben diesen beiden Elementen und dem von ihm hochgeschätzten Weinstein (dem aus dem Wein gewonnenen Tartarus) seine neue erstmals auf chemischen Stoffen beruhende Medizin auf. Die Paracelsus-Briefmarke und der dazu gehörende Stempel von 1993 sind einzigartige Zeugen für die Herkunft der Paracelsischen Medizin aus der Alchemie. Denn der Stempel zeigt die Symbole für Schwefel, Quecksilber und Salz.

Briefmarke und Stempel zum 500. Geburtstag des Paracelsus

Ebenso ist der Hintergrund der Briefmarke zur Erinnerung an den Alchemisten Paracelsus mit alchemistischen Zeichen bedeckt.

Die neue aus der Alchemie hervorgegangene Medizin des Paracelsus breitete sich damals zunächst nur langsam unter den Ärzten aus; denn sie wollten die über Jahrhunderte bewährte Medizin des griechisch-römischen Arztes Galen, sie wollten die althergebrachte Viersäftelehre, nicht aufgeben. Galen hatte gelehrt, daß alle Krankheiten durch Verderbnis der vier Säfte Blut, Schleim, gelbe und schwarze Galle hervorgerufen werden.

Außerdem waren die Schriften des Paracelsus wegen ihres eigenartigen Deutsch schwer lesbar und auch sonst schwer verständlich. Es war unter anderen der hessische Arzt Oswald Croll, der den medizinischen Nachlaß des Paracelsus sichtete und der ärztlichen Praxis zugänglich machte. Sein berühmtes Werk Basilica Chymica von 1609 hat im Titel ein magisches Diagramm, das die Paracelsische Lehre in einzigartiger Weise in Symbolen verschlüsselt überliefert.

Die Form eines Dreiecks in der Mitte der Graphik wurde sicher nicht von ungefähr gewählt, denn das Dreieck bringt die heilige Zahl "drei" ins Spiel, die sowohl im religiösen als Dreifaltigkeit als auch in der Alchemie als tria prima eine wichtige Rolle spielte. An den Ecken des Dreiecks sind denn auch die für die Paracelsische Medizin wichtigen alchemistischen Zeichen der tria prima, nämlich die Zeichen für Quecksilber (Merkurius), Schwefel (Sulphur) und Weinstein (Tartarus), angebracht. Die "tria prima" symbolisiert die vitalisierenden Kräfte, die nach Ansicht von Paracelsus im menschlichen Organismus wirken und dort vom Geist des Lebens, dem "Archaeus" gesteuert werden. Oswald Croll schreibt dazu: "Sulphur, Mercurius und Salz (Tartarus), diese drei sind die Materia, aus denen alle corpo-

ralia (Körper) erschaffen sind. Also stimmt der Schwefel mit dem Feuer, das Salz mit der Erde, das Quecksilber mit dem Wasser und der Geist mit der Luft überein". Über den Tartarus (Salz) hat Paracelsus 1527 und 1528 in Basel seine berühmten Vorlesungen gehalten. Aus diesen Vorlesungen wird deutlich, was Paracelsus mit der vitalisierenden Kraft überhaupt meinte, die seine drei Substanzen Quecksilber, Schwefel und Salz haben sollten, wenn sie im Organismus mit der Lebenskraft zusammen wirkten.

Paracelsus gab nämlich die Schuld für eine Krankheit beim Menschen - im Gegensatz zu Galen - diesen drei tria prima genannten Substanzen. Hatte eine der drei Stoffe im Organismus eine positive Wirkung, so erzeugte sie Gesundheit. War sie zu schwach, so löste sie Krankheit aus. Diese Vorstellung führte dazu, daß Paracelsus die Erkrankungen in drei Gruppen einteilte, und zwar in die mercurialischen, in die sulfurischen und in die tartarischen. Es gab bei ihm also Quecksilber-, Schwefel- und Weinsteinerkrankungen. Diese materialistische Erklärung von Krankheit stand im krassen Gegensatz zu der damaligen Auffassung, wonach die Ursachen für Krankheit im Einfluß der Gestirne lagen oder durch ein sündiges Leben ausgelöst werden konnten. Auch schlechte Winde konnten als Ursache in Frage kommen. Es ist sicher eines der großen Verdienste des Paracelsus, daß er mit seiner zwar falschen Theorie immerhin darauf aufmerksam gemacht hat, daß die Krankheitsursache auch im Organismus selbst liegen könnte. Dabei darf aber nicht übersehen werden, daß Paracelsus auch weiter zusätzlich an die Einwirkung der Gestirne auf die menschlichen Organe glaubte. Die Viersäftelehre des Galen und die ihr folgende Lehre von der tria prima des Paracelsus zeigt, wie schwierig es für den forschenden Geist des Menschen war, die wahren Ursachen für Krankheit zu erkennen. Die Lehre des griechisch-römischen Gelehrten Galen hatte über 1300 Jahre Gültigkeit.

Schaut man nun wieder auf das hier in Rede stehende magische Dreieck, um die Philosophie der Paracelsischen Medizin weiter zu entschlüsseln, so findet man an den Seiten des Dreiecks die drei Sphären angebracht, die das Wohlergehen des Menschen bestimmen.: die göttliche (spiritus), die seelische (anima) und die materielle (corpus).

Im Inneren des magischen Dreiecks stehen dann noch die Worte Mineralia, Animalia und Vegetabilia. Sie bezeichnen die drei Gebiete der toten und lebenden Welt, die damals neben den von Paracelsus neu eingeführten chemischen Stoffen zur Gewinnung von Arzneien dienten.

Als letztes folgen dann an den drei Außenseiten des magischen Dreiecks die vier Elemente: Feuer (Ignis), Wasser (Aqua), Luft (Aer) und Erde (Terra). Aus ihnen war nach damaliger Auffassung der ganze Kosmos aufgebaut. Das Wort Erde steht interessanter Weise im Mittelpunkt des Dreiecks und gehört gleichzeitig zu den Worten: "Ad amica Terra". Ruft dieser Satz im Anfang des 17. Jahrhunderts schon zum ökologischen Denken auf, wenn er die Freundschaft mit der Erde beschwört? Zumindest zeigt er uns die Verbundenheit der damaligen Menschen mit der Natur.

Während das Dreieck die alchemistischen und magischen Aspekte der damaligen Medizin symbolisiert, sind in den Kreisen, die sich um das Dreieck ziehen, die philosophischen und astrologischen Aspekte angeordnet. Im innersten Kreis stehen alle für die damalige Medizin wichtigen Wissenschaften und Lehren: Die Theologie, die Magie, die Astronomie, die Salzchemie (Halchymia) und die jüdische Geheimlehre Cabbala. Die Cabbala war eine stark mit Buchstaben- und Zahlensymbolik arbeitende, sich an das alte Testament anlehnende mystische Lehre.

An diesen Kreis anschließend weiter nach außen wird darauf hingewiesen, daß alles unter dem Gesetz und der Allmacht Gottes steht. "Bete und arbeite und sei eingedenk aller Nichtigkeit, vor allem aber liebe Gott und diene Ihm allein", lautet die Übersetzung des lateinischen Spruches: "Ora et labora reputans omnia vana praeter amare Deum et illi soli servire". "Lumen naturae bonum finitum": "Das Licht der Natur (die Erleuchtung durch die Natur) ist das größte Gut" erinnert daran, von der Natur zu lernen.

Die Tierkreiszeichen, die Sterne und Kometen, die das magische Dreieck in einem weiteren Kreis umgeben, beziehen sich auf die im neunten Kapitel beschriebene Lehre vom Einfluß des Makrokosmos auf den Mikrokosmos. Für die Praxis der Heilkundigen bedeutete die Beziehung zum Kosmos, daß bestimmte Heilverfahren, wie der Aderlaß oder das Schröpfen, nur unter bestimmten astronomischen Konstellationen vorgenommen werden durften. Auch die Pflanzen zur Herstellung von Arzneien mußten unter bestimmten Sternzeichen und Konstellationen der Planeten gesammelt werden. Dasselbe galt auch für die Herstellung der Arznei selbst.

Als Folge der neuen Paracelsischen Medizin wurden damals viele quecksilberhaltige Arzneien in die Arzneibücher aufgenommen, wie zum Beispiel Calomel ($HgCl$) zum Abführen, weiße Präzipitatsalbe gegen Sommersprossen, gelbe Augensalbe (HgO) oder Graue-Salbe (30% Verreibung von Quecksilber in Wollfett) gegen Syphilis und Filzläuse. Noch bis vor vierzig Jahren wurden diese Arzneimittel medizinisch angewendet. Erst ca. 500 Jahre nach Paracelsus hatte man die Giftigkeit des Quecksilbers in vollem Umfang erkannt und diese Arzneien aus den Arzneibüchern verbannt.

Außer der Bereicherung der Arzneibücher mit den aus der Alchemie kommenden quecksilber- und schwefelhaltigen Arzneien muß Paracelsus aber vor allem als einer der geistigen Väter der Arzneimittelforschung angesehen werden. Denn obwohl er noch an die Möglichkeit der Umwandlung unedler Metalle in Gold glaubte, hielt er nicht viel von der Suche nach dem Stein der Weisen. Er lenkte das Augenmerk der Forschung auf die Suche nach neuen Arzneien, die er Arcana nannte. So forderte er die Alchemisten auf, nicht weiter nach den Naturkräften zu suchen, mit denen man Gold machen könne, sondern nach den heilenden Kräften, von denen man aus jahrhundertelanger Erfahrung wußte, daß sie den Pflanzen innewohnen. Nach dem alchemistischen Prinzip des "Trenne und führe zur Reife" wollte Paracelsus das heilende Prinzip der Pflanzen gewinnen und in einer Tinktur konzentrieren. Die Suche nach neuen Arzneien - sprich die Arzneimittelforschung - fand

Ein Apotheker der Renaissance vor seiner Apotheke.

seit dieser Zeit vor allem in den Apotheken statt. Denn die damaligen Apotheker stellten ja alle Arzneien selbst her und waren von daher mit der alchemistischen Laborpraxis gut vertraut und verfügten - abgesehen von den Fürstenhöfen - als Einzige über gute Laboratorien. Im 19. Jahrhundert entwickelte sich dann aus so mancher Apotheke ein pharmazeutischer Industriebetrieb.

Um die Heilkräfte der Pflanzen im Laboratorium als Konzentrat zu gewinnen, zerkleinerte man die getrockneten Pflanzen zuerst in einem großen Mörser zu einem groben Pulver. Dann wurde das Kräuterpulver zusammen mit dem Menstrum - das war ein aus Wein durch Destillation gewonnenes Alkoholwassergemisch - in ein sogenanntes Circulatorium, in ein Zirkuliergefäß aus Glas, gegeben.

Im Circulatorium, in dem der Alkohol zirkulierte, das heißt an der Glashaube immer wieder kondensierte und nach unten zurückfloß, wurden die Heilkräuter auf sehr kleinem Feuer über mehrere Tage so lange ausgezogen, bis man glaubte, daß die wirksamen Kräfte der Pflanze sich im Alkohol gelöst hätten und nun als Konzentrat vorlagen.

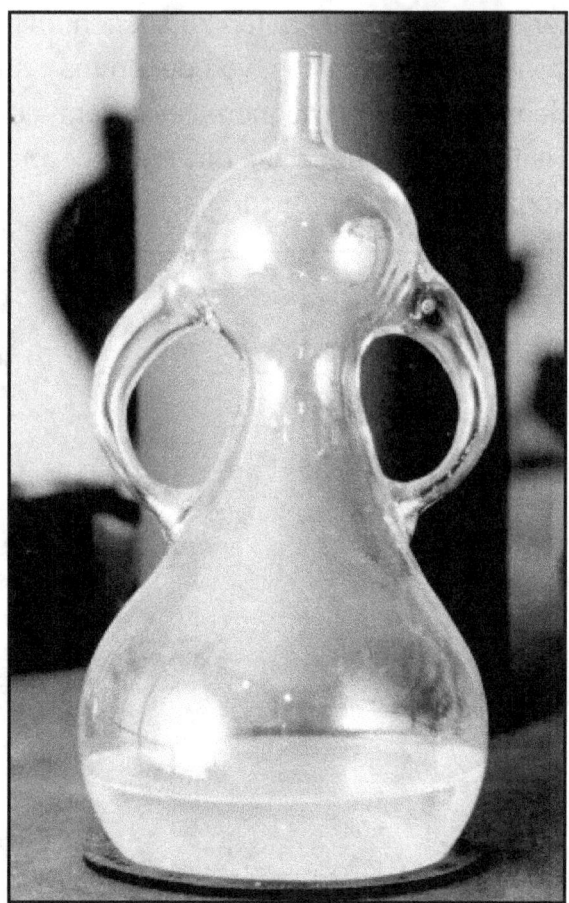

Die so entstandene Tinktur wurde von den Kräutern abgegossen und der in den Kräutern zurückgebliebene Rest der Tinktur abgepreßt, damit auch nichts von den heilenden Kräften der Pflanze verlorenging.

Um die noch trübe Tinktur zu klären, wurde sie durch ein Filtriergerät gegeben. Man kannte damals noch kein Filterpapier. Man filtrierte durch zwei Dochte, die man in zwei übereinander gestellten trichterähnlichen Glasgefäßen anordnete.

Heute werden Tinkturen übrigens einfach durch Ausziehen mit Alkohol auf kaltem Wege hergestellt. Die Alchemisten aber glaubten das Abtrennen und Konzentrieren der heilenden Kräfte aus den Pflanzen mit Feuer durchführen zu müssen, da von dem Element Feuer nach alchemistischer Auffassung mystische Kräfte auf die Tinktur übergingen; denn es galt:

"Im Feuer liegt alle Kraft. Die Lebenskraft wird im Feuer geboren, hell und klar und mit der größten Macht versehen".

Die Alchemisten haben den Stein der Weisen nicht finden können. Jedoch ihre Suche nach der roten Tinktur, mit der sie Gold machen wollten, war nicht völlig umsonst. Die Idee, die Kräfte der Natur in einem flüssigen Medium zu konzentrieren, führte zur Erfindung der Tinktur, zu einer Arzneiform, die wir heute noch in der Medizin gebrauchen.

Die Erfindung der Tinktur durch die Alchemisten war freilich schon der zweite große Fortschritt, den die Medizin der Alchemie zu verdanken hatte; denn schon sehr viel früher hatten die Alchemisten herausgefunden, daß man durch Destillation ätherische Öle aus Pflanzen gewinnen kann. Die heute noch gebrauchten Arzneien Melissengeist und Hiengfong-Destillat entstanden irgendwann auf diese Weise. Unter Anwendung alchemistischer Techniken wurden von Apothekern noch viele Entdeckungen theker Friedrich Wilhelm Sertürner im 19. Jahrhundert.

Der Alchemist von David Teniers um 1630

Der Alchemist schürt das Feuer unter einem Destilliergerät, das Alembik genannte wurde. Die gläserne Destillierhaube war noch luftgekühlt. Das Wort Alembik kommt aus dem Arabischen, wie die Vorsilbe "Al" beweist. Eigentlich müßte das Wort Al Embik geschrieben werden.

Das siebente Kapitel

Wie die Theologie, so machte auch die hermetische Philosophie ihre spirituellen und mystischen Vorstellungen den Menschen mit Symbolen augenfällig. Viele dieser Symbole wurden sowohl von der Kirche als auch von den Alchemisten gebraucht.

Das Kapitel zeigt unter anderem, wie eng Alchemie und Christentum über Symbole miteinander verwoben waren.

Alchemie und christliche Mystik

Von Mühlen - ob sie nun durch Wind, Wasser oder Muskelkraft angetrieben werden - geht auch heute noch ein geheimnisvolles Fluidum aus. Mühlen verwandeln! - Sie verwandeln Körner in Mehl oder grobe Pulver in feine. Es könnte diese Kraft zur Verwandlung gewesen sein, die die Menschen in alter Zeit veranlaßt hat, Mühlen mit einer mystischen Aura zu umgeben. Wir können das heute nicht mehr ergründen. Fakt ist aber, daß uns im späten Mittelalter sowohl in der Alchemie als auch in der christlichen Kunst einige ganz seltsame Mühlen als mystische Symbole begegnen.

Aus der Alchemie ist nur eine mystische Mühle überliefert. Sie wurde als "Philosophische Mühle" bezeichnet. Die Alchemisten gebrauchten sie - wie könnte es anders sein - ausschließlich für ihr großes metaphysisches Werk. Sie versuchten mit ihrer Hilfe Blattgold als "Samen" für die rote Goldtinktur zu präparieren. Der Gebrauch der "Philosophischen Mühle" wird folgendermaßen beschrieben:

"Von diesem.... allgemeinen Menstruo leitet der berühmte Doktor Joelus Langelottus auch sein Trinkgold (rote Tinktur) her, indem er die Goldblättlein in der Philosophischen Mühlen vier Tage und Nächte (mit salpetrischen Salzen?) an einander reibet, biß sie sich in ein braun=schwartzes Pulver, das unbegreiflich scheinet, verkehrt haben. Dieses Pulver thut er in eine Retorten, stellts sie den Graden nach ins Sand=Feuer, endlich gebrauchet er das stärkste Feuer und treibet nur wenig Tropfen aber die röthesten herüber, die, wenn man sie für sich selbst oder mit dem tartarierten Spiritus vini digierieret das wahre Trinkgold geben."

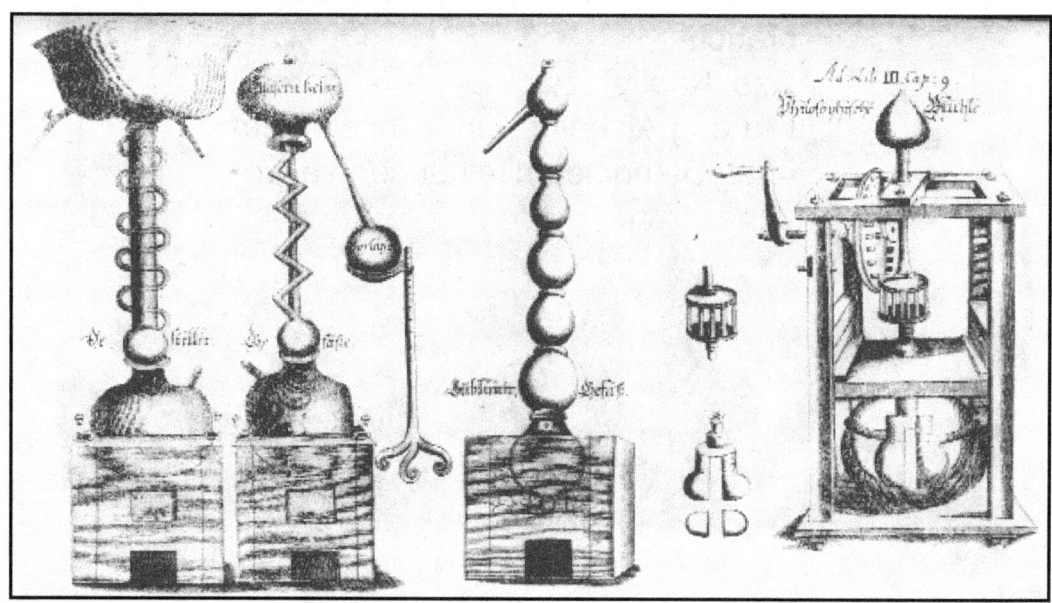

Rechts im Bild: Die "Philosophische Mühle". Links im Bild: Zwei Destilliergeräte und eine Sublimierkolonne. Aus der "Pharmacopoea medico-physica" von Johann Christian Schröder (1718).

Die Rezeptur des Aurum potabile läßt uns ahnen, daß für die Alchemisten die Arbeit im Labor nicht nur ein rationales Geschehen war, sondern daß jede Manipulation mit der Materie grundsätzlich auch eine mystische, eine ins Metaphysische reichende Qualität hatte. Dies wird verständlich, wenn man bedenkt, daß die Alchemisten die chemischen und physikalischen Veränderungen, die bei ihren Arbeiten auftraten, nicht verstanden und deshalb als Ursache für diese Veränderungen mystische und transzendente Einflüsse annahmen. Unter diesem irrationalen Aspekt war das Ineinandergreifen von Zahnrädern - ja die sich bewegende Mechanik der Mühle überhaupt - für die Alchemisten ein Zeichen dafür, daß die Mühle jenseitige Kräfte vermittelte, die sich der Materie, die sie bearbeitete, mitteilten. So war die Philosophische Mühle für die Alchemisten mehr als nur ein Arbeitsgerät. Ihre Mechanik, die gegründet war auf den göttlichen Naturgesetzen, vermittelte die Hilfe Gottes, an die die Alchemisten bei der Suche nach dem Stein der Weisen als gläubige Christen fest glaubten.

Altarbild einer Hostienmühle um 1470 im Ulmer Museum

Daß dieser Glaube der Alchemisten von der Vermittlung göttlichen Einflusses durch eine Mühle damals keine spezifische Vorstellung der hermetischen Philosophie war, machen einige Altarbilder klar, die in den ehemaligen Zisterzienserkirchen von Bad Doberan, Retschow, Tribsees, Rostock und auch in Ulm im 15. Jahrhundert entstanden sind. Wir entdecken auf diesen Bildern nämlich eine mystische Mühle, die exakt so konstruiert ist wie die "Philosophische Mühle" in dem Arzneibuch von Johann Christian Schröder.

Auf den Altarbildern ist eine Eucharistische- oder Hostienmühle dargestellt, die das christliche Geheimnis von der Menschwerdung Christi entsprechend Johannes 1,14 symbolisiert: "Und das Wort ist Fleisch geworden und hat unter uns gewohnt".

Während die vier Evangelisten, symbolisiert als geflügelte Wesen nämlich als Adler-, Menschen-, Stier- und Löwenkopf, die Worte ihrer Evangelien von oben in die Mühle einfüllen, verwandelt diese das Wort Gottes in die Menschwerdung des Jesusknaben, der von den vier Kirchenvätern in einem Kelch aufgefangen wird. Die Hostien symbolisieren die Eucharistie, das heißt den mystischen Leib Christi. Über zwei Kurbeln wird die Mühle von den zwölf Aposteln angetrieben.

Die eucharistische Mühle auf den Altarbildern aus dem 15. Jahrhundert symbolisiert das Geheimnis der Eucharistie und die Erlösung der Menschheit von der Sünde und vom ewigen Tod.

Im gleichen Sinn symbolisierte die "Philosophische Mühle" das Geheimnis des Steines der Weisen, das in einer roten Tinktur verborgen ist. Das aurum potabile erlöste nach dem Glauben der Alchemisten die Menschen von ihren Gebrechen und damit von einem frühen Tod.

Symbole von Tod und Auferstehung

Ein wichtiges Thema für die Alchemisten war das Nachdenken und Meditieren über Tod und Auferstehung beziehungsweise ganz allgemein über das Werden und Vergehen; denn die hermetischen Philosophen wollten ja mit dem Stein der Weisen nicht nur Gold machen und den Tod überwinden, sondern auch tiefere Einblicke in das Wesen dieser Welt und ihres eigenen Daseins gewinnen. Ihre von Mystik und Magie geprägte Vorstellungswelt stellten sie in Allegorien und mit Symbolen dar. Das Symbol hatte in der mittelalterlichen Vorstellungswelt einen viel höheren Wirklichkeitsgehalt als heute. Symbole, die für das Eigentliche stehen, begleiteten die Menschen als Wappen, als Hauszeichen, und die Kirche hatte als Symbol für Christus das Lamm, für den hl. Geist die Taube und vieles mehr.

Zur Versinnbildlichung von Tod und Auferstehung begegnen uns immer wieder drei Symbole, die aus dem Tierreich stammen:

<u>der Ouroborus, der Pelikan und der Phönix.</u>

Es handelt sich bei diesen Tiersymbolen um sehr alte, vorchristliche Natursymbole, die vom Christentum aus dem Heidnischen übernommen worden sind. Unter dem Namen Physiologus haben ein oder mehrere unbekannte - wahrscheinlich griechische Autoren - am Ende des zweiten Jahrhunderts ein Werk herausgebracht, in dem sie die Umdeutung der heidnischen Symbolik ins Christliche vornahmen. Welche symbolische Bedeutung diese Tiersymbolik in den alten Naturreligionen hatten, ist heute nicht mehr bekannt. Im Christentum wurden die Symbole zu Sinnbilder für das Erlösungswerk Christi beziehungsweise für das Werden und Vergehen und die Ewigkeit. In und an vielen Kirchen sind die Symbole heute noch zu sehen. Die Alchemie hat diese Symbole aus dem Christlichen übernommen und für ihre Philosophie umgedeutet.

Älteste Abbildung eines Ouroborus auf einem koptischen Papyrus. Er umgibt die Beschwörungsformel für einen Liebeszauber:
Das Herz des Montanus möge sich zu mir neigen....Und möge er das Verlangen meiner Seele stillen.

Das älteste der drei Symbole für Tod und Auferstehung ist der Ouroborus, eine sich ewig selbstverschlingende und dabei sich ewig wieder neu gebärende Schlange. Indem diese Schlange sich in den eigenen Schwanz beißt, ist sie endlos und stellt unter diesem Aspekt den Kreislauf des Universums oder auch den Kreislauf der Zeit dar, das heißt eben auch die Ewigkeit.

Der Ouroborus als Symbol für die Ewigkeit ist bis ins 19. Jahrhundert lebendig geblieben. 1826 ließ ein Dr. Johann Schuler seinen Eltern an der Kirche von Burgeis in Südtirol eine Gedenktafel anbringen, die neben dem Symbol des Ankers als Sinnbild für den Glauben auch das alte heidnische Ewigkeitssymbol den Ouroborus trägt. Auch auf dem Friedhof von Altenkirchen auf Rügen sind mehrere Grabsteine aus dem 19. Jahrhundert mit dem Symbol des Ouroborus erhalten. Diese Grabsteine und ein Ouroborus-Fries im Dom zu Quedlinburg zeigen, daß dieses einstmals heidnische Ewigkeitssymbol lange Zeit im Glauben der Christen eine Rolle gespielt hat, die heute in Vergessenheit geraten ist.

Grabstein auf dem Friedhof von Altenkirchen auf Rügen

Das schwierig zu deutende dritte Symbol - vielleicht eine Palme - könnte für die Liebe stehen. Epitaph an der Kirche in Burgeis in Südtirol.

Eine der schönsten Darstellungen eines Ouroborus als christliches Sinnbild für die Ewigkeit befindet sich in der berühmten Barockkirche "Die Wies" im Allgäu. Über dem Tor zur Ewigkeit im Deckengemälde verkündet der Ouroborus, daß "die Zeit nicht mehr sein wird" (Tempus non erit amplius). Hinter dem verschlossenen Tor beginnt die Ewigkeit. Chronos, die Symbolfigur für die Zeit, liegt zusammengebrochen am Boden, das Stundenglas, der Zeitmesser, ist ihm entglitten, ebenso die Sense, mit der er den Lebensfaden der Menschen abschneidet. So wie hier die griechische Mythologie in die christliche Mystik hineinspielt, so spielt umgekehrt die christliche Mystik immer wieder hinein in die Mystik der Alchemisten.

Ausschnitt aus dem barocken Deckengemälde der Wallfahrtskirche Wies bei Steingaden in Oberbayern.

Aber nicht nur im kirchlichen Raum findet man den Ouroborus. Er wurde auch häufig in der profanen Kunst verwendet. Hierzu zählt die Allegorie Zeit und Ewigkeit, eine Porzellanfigur im Museum in Schwerin (rechts). Die Ewigkeit ist hier als eine junge Frau dargestellt. Sie hat eine Haltung eingenommen, als ob sie in die Zukunft schauen würde. Doch ist ihr Gesicht verhüllt; denn für die Ewigkeit gibt es weder Vergangenheit noch Gegenwart noch Zukunft, in die man schauen könnte. Um sie als Allegorie für die Ewigkeit kenntlich zu machen, hält sie in ihrer rechten Hand das Ewigkeitssymbol, den Ouroborus. Zu ihren Füßen kauert schon fast zusammengebrochen ein Greis. Mit seinen Flügeln symbolisiert er die Zeit, die im Fluge vergeht. Das Stundenglas ist abgelaufen. Die Sense erinnert an das Ende der Zeit, an den Tod.

Porzellanfigur "Zeit und Ewigkeit" im Staatlichen Museum Schwerin. 18. Jahrhundert

Für die Alchemisten war der Ouroborus ein Symbol für den Stein der Weisen, der durch die ewigwährende Umwandlung der prima materia entstand.

Sinesius 14. Jahrhundert

Ein anderes Symbol für Tod und Auferstehung, das in der Mystik der Alchemisten und der Christen Bedeutung hatte, ist der Pelikan, der seine widerspenstigen Jungen tötet, sie aber mit seinem eigenen Blut aus den Wunden, die er sich selbst mit seinem Schnabel in die Brust schlägt, wieder zum Leben erweckt. Der Pelikan ist ein Symbol für Christus, der mit seinem Blut die Welt vom ewigen Tod der Sünde erlöste.

Pelikan in der Burgkapelle von Schoß Tirol. Das Fresko entstand um 1340

In der Symbolsprache der Alchemisten war diese Pelikanallegorie ein Bild für den Stein der Weisen. Denn wie im Christentum symbolisierte der Pelikan, der seine toten Jungen mit seinem Blut wieder zum Leben erweckt, auch in der hermetischen Philosophie das Erlösungsprinzip. Im Laboratorium der Alchemisten aus Schwefel und Quecksilber wiedergeboren war der Stein der Weisen in der Form der roten Tinktur das Allheilmittel, das gleich dem Blut des Erlösers die Menschheit vom Tod hätte erlösen sollen.

Das Bild auf der nächsten Seite bringt die Erlösungssymbolik des Pelikan in enge Verbindung mit dem gekreuzigten Christus.

Der Alchemist Geber, links im Hintergrund das Pelikansymbol. Aus dem Titelbild der "Chymica" von Oswald Croll 1608.

Der Baum vom heiligen Kreuz mit der für die Erlösung stehenden Pelikansymbolik. Monumentalgemälde im Alten Refektoriumim des Klosters Santa Croce in Florenz.

Das dritte Symbol, das in der Alchemie und in der christlichen Mystik eine Rolle spielte, war der Phönix, der sich der Sage nach in bestimmten Zeitabständen selbst verbrennt, um dann wieder aus der Asche zu neuem Leben aufzuerstehen. Im alten Ägypten galt diese Symbolik als Verkörperung des Sonnengottes, der mit seinem Sonnenwagen täglich von Osten nach Westen über den Himmel fährt. Der also morgens im Osten aufersteht und abends im Westen wieder stirbt. Dieser Bezug zur stets wiederkehrenden Erneuerung wurde vom Physiologus und auch von den Kirchenvätern umgedeutet als ein Symbol für den Opfertod Christi und seine Auferstehung. Im Prager Veits-Dom befindet sich ein Phönix als Säulenkapitell. Für die Alchemisten war der Phönix ein Symbol für den Stein der Weisen, ein Symbol für dessen Vergehen und Werden, für dessen Auferstehen aus der prima materia.

Hermes Trismegistos, links im Hintergrund das Symbol des Phönix. Aus dem Titelbild der "Chymica" von Oswald Croll 1608.

Der Basilisk

Sehr alte Aufzeichnungen überliefern uns noch einen anderen Weg zur Herstellung des Steines der Weisen. Dieser Weg erscheint uns heute mehr als absurd. Wir können aber sicher sein, daß er vor fast tausend Jahren vielen Menschen glaubwürdig erschien. Es handelt sich um eine Rezeptur zur Bereitung von sogenanntem Spanischem Gold, die ein deutscher Mönch mit dem Namen Theophilus Presbyter um das Jahr 1100 mitteilt. Sie hat folgenden Wortlaut:

"Es gibt auch ein Gold, das das Spanische genannt wird, und das aus Rotkupfer, dem Pulver des Basilisken, Menschenblut und Essig bereitet wird. Die Heidenvölker, deren Erfahrung in dieser Kunst anzuerkennen ist, verschaffen sich die Basilisken auf folgende Art: Sie haben unter der Erde ein Haus, welches oben und unten und an allen Seiten von Stein ist, mit zwei Fensterchen derart klein, daß kaum Licht durch sie hineinscheint. Dahinein bringen sie zwei alte Hähne von zwölf oder fünfzehn Jahren, die sie mit Nahrung genügend versehen. Wenn diese fett geworden, begatten sie sich infolge der Hitze ihres Fettes und legen Eier. Sind diese gelegt, so beseitigen sie die Hähne und lassen Kröten hinein, welche die Eier wärmen sollen und Brot als Futter bekommen. Sobald die Eier ausgebrütet sind, kommen männliche Junge heraus, gleich jungen Hähnchen, denen nach sieben Tagen Drachenschwänze wachsen und welche augenblicklich, wäre das Haus nicht mit Steinen gepflastert, sich in den Boden vergraben würden. Dieses zu verhüten, haben jene, welche sie zu meistern wissen, runde Gefäße aus Erz von großer Weite, allerorts durchlöchert, deren Mündungen eng sind. In diese setzen sie die Jungen, verschließen die Öffnungen mit Vorrichtungen aus Kupfer und vergraben sie in der Erde. Sie nähren sich durch sechs Monate von der feinen Erde, welche durch die Öffnungen eindringt. Nach diesem öffnet man und stellt sie über ein starkes Feuer, bis die Tiere inwendig ganz verbrannt sind. Ist das getan, so gibt man sie nach dem Erkalten heraus, zerreibt sie sorgfältig, wobei ein Drittel vom Blute eines Rothaarigen beigemischt wird, welches Blut aber ausgetrocknet und gerieben ist. Diese beiden Bestandteile werden in einem reinen Gefäße mit starkem Essig gemengt, dann nehmen sie ganz dünne Blätter reinsten Kupfers, streichen diese Verbindung darauf, an beiden Seiten, und legen sie ins Feuer. Wenn sie weißglühen, nehmen sie dieselben wieder heraus und löschen und waschen sie in der nämlichen Mischung und setzen das solange fort, bis diese Mischung das Kupfer durchfressen und dasselbe dadurch sowohl Gewicht als auch Farbe des genannten Goldes angenommen hat. Dieses Gold taugt zu jeglicher Arbeit."

Schon die hl. Hildegard von Bingen (1098 bis 1179) schrieb über den Basilisken folgendes: "Als sich die Kröte einst trächtig fühlte, sah sie ein Schlangenei, setzte sich zum Brüten darauf, bis ihre (eigenen) Jungen zur Welt kamen. Diese starben; sie aber brütete das

Schlangenei weiter, bis sich darin Leben regte, das alsbald von der Paradiesschlange beeinflußt wurde.... Das Junge zerbrach die Schale, schlüpfte aus, gab aber sogleich einen Hauch wie giftiges Feuer von sich...(es) tötet alles, was ihm in den Weg kommt".

Dieser Text aus dem Anfang des 12. Jahrhunderts zeigt, daß der Basilisk ein sehr altes Symbol ist. Es tauchte zuerst im Orient auf und gelangte dann über die antiken Schriftsteller Plinius d.Ä. und Isidor von Sevilla in die Tierbücher des hohen Mittelalters. Manche Fabeln, die sich um den Basilisken ranken, haben wahrscheinlich ihren Ursprung in der falschen Erklärung mehrerer Stellen des alten Testaments (Jeremias 8, 17, Jesaia 59,; Psalm 9, 13). Hier ist von einer Schlange die Rede, die im Hebräischen Tsepha heißt. Als Basiliscus ins griechische übersetzt ist sie zu einem solchen Ungeheuer geworden.

Andere Traditionen lassen das Ei von einem alten Hahn gelegt und von einer giftigen Kröte ausgebrütet sein. Wie der Basilisk König der Schlangen ist, so ist der Teufel König der Dämonen, heißt es bei St. Augustinus. In mittelalterlichen Tierbüchern erscheint der Basilisk als gekrönte Schlange, der ihre Untertanen huldigen. In der Theologie symbolisiert der Basilisk unter den Todsünden die Wollust und wird zusammen mit Löwe und Drache von Christus bekämpft.

Der Basilisk ist ein symbolträchtiges, seltsames Fabeltier von der allgemeinen Gestalt eines Hahnes, aber mit Drachenflügeln und einem Eidechsenschwanz versehen. In barocken Emblembüchern wird darauf hingewiesen, daß der Basilisk nur dadurch überwunden werden kann, wenn sein giftiger Blick mit Hilfe eines Spiegels auf ihn selber zurückgeworfen wird. Eine andere Methode den Basilisk unschädlich zu machen, ist der Geruch eines Wiesels, den er nicht zu ertragen vermag. Man läßt deshalb ein Wiesel in seine Höhle, um ihn zu töten.

Über einer uralten Tür, die heute nicht mehr benutzt wird, hat sich in der ehemaligen Zisterzienserkirche in Eußerthal in der Pfalz ein Basilisk erhalten. Er wurde offensichtlich zur Abschreckun von bösen Geistern, die er mit seinem Blick töten sollte, angebracht. Die Darstellung des heidnischen Symbols stammt aus dem 14. Jahrhundert.

W. H. Freiherr von Hohberg schrieb 1675 zu diesem Bild die Verse:

*"Der Böse aus hellem Spiegel säuget zu eigenem Untergang selbst seiner Augen Gift.
Wer Bosheit anzutun dem Nächsten billig ist geneiget, daß ihn selbst sein Mörder-Anschlag trifft."*

Wer offenen Auges durch alte Städte geht, alte Kirchen oder barocke Schlösser betrachtet, kann hier und da aus alter Zeit noch einen schönen Basilisken in Stein gehauen, in Kupfer getrieben oder als Gemälde entdecken. Dieses Ungeheuer wurde zur Abschreckung von Dämonen angebracht.

Durch den Blick in einen Spiegel stirbt auch der Basilisk im Deckengemälde, das in einem Gewölbe des Klosters Wessobrunn angebracht ist. Hier gibt es auch eine Inschrift, die das Geheimnis des Basilisken kundtut:

"Durch eigene Gestalt Der Geist entfallt".

Seit 1212 läßt sich in Wien in der Schöntaler-Straße das Basiliskenhaus nachweisen. Die Sage berichtet, das Untier habe hier in einem Brunnen gelebt, und viele Menschen seien an seinem Blick gestorben. Doch dann habe ein mutiger Mensch ihm einen Spiegel vorgehalten, und der Basilisk sei aus Entsetzen über sein Aussehen gestorben.

Vier goldene Basilisken sind als Wasserspeier am Schloß Bruchsal zur Abwehr von bösen Geistern angebracht.

Im Jahre 1474 wurde vom Rat der Stadt Basel ein elfjähriger Hahn, der ein Ei gelegt haben sollte, zum Tode verurteilt und am 4. August enthauptet und ins Feuer geworfen; auch das Ei wurde feierlich verbrannt. Es ist zu vermuten, daß der Name Basel irgendetwas mit dem Basilisken zu tun hat.

Links eine von mehreren verschiedenen Brunnenfiguren, die man in Basel findet, und die wohl aus dem Zusammenhang mit dem Namen der Stadt errichtet wurden.

Der Basilisk ist auch heute noch aktuell, wie man an einer polnischen Briefmarke von 1996 sehen kann. Die moderne Darstellung hebt die tötenden Augen besonders hervor.

Das achte Kapitel

befaßt sich mit dem Wandel der Alchemie zur Chemie, der sich im 17. Jahrhundert langsam aber stetig vollzog. Mystische und magische Denkweisen wurden von der Ratio abgelöst. In diesem Sinne handelt das achte Kapitel auch von der Metallurgie, die die Alchemisten damals Probierkunst nannten. Die Probierkunst diente der Gewinnung, dem Trennen und Mischen und der Erforschung der Metalle.

Von der Alchemie zur Chemie

Mit ihrem ständigen Bemühen, über das Experiment tiefere Einblicke in die Natur zu gewinnen, hat die Alchemie gegen Ende des 17. Jahrhunderts Forscher hervorgebracht, die fähig waren, sich aus der mystisch-mythologischen Welterklärung zu lösen und Schritt für Schritt den geistigen Wandel zum rationalen Denken zu vollziehen. Am Ende dieser Entwicklung stand die Chemie als eine exakte Wissenschaft im heutigen Sinne. Damit vollzog sich auch in diesem Bereich der Naturwissenschaften der Paradigmawechsel von Mittelalter zur Neuzeit.

Einer der ersten, der nachweisbar vom mystischen und magischen zum rationalen Denken fand, war Johann Rudolf Glauber, der 1604 in Amsterdam geboren wurde (1604-1670). In der Literatur wird er als Alchemist und Apotheker, aber auch schon als Chemiker

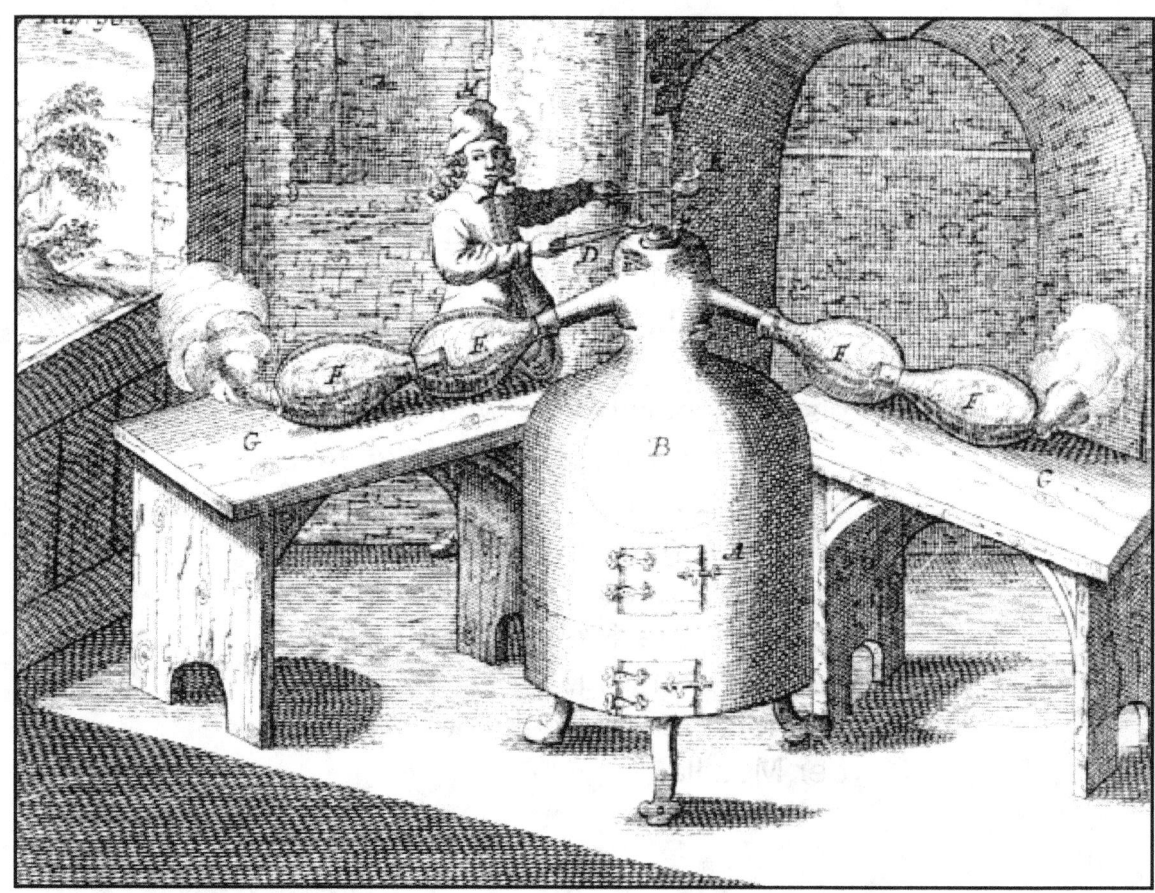

In seinem Buch "Von Deutschlands Wohlfahrt" beschreibt Johann Rudolph Glauber die Bereitung und Destillation der Schwefelsäure. Hier der Destillierofen zur Darstellung von Schwefelsäure, die zur Herstellung des berühmten Glaubersalzes (Na_2SO_4) gebraucht wurde. Die chemische Formel lautet:

$$2HNO_3 + FeSO_4 = H_2SO_4 + Fe(NO_3)_2$$

bezeichnet. Auf alchemistischen Kenntnissen fußend erweiterte Glauber das Wissen über Salze, Mineralsäuren und die Holzdestillation. Er widmete sich der Erforschung der Holzdestillation, weil er vermutete, daß dem uralten Handwerk der Köhlerei ein chemischer Vorgang zu Grunde liegen müßte. Er fand im Qualm, den der Köhler während des Schwelbrandes durch Löcher im Erdmantel seines Meilers ins Freie entläßt, Stoffe wie Teer und Essig, die in der Chemie gebraucht werden können. (Siehe Seite 132)

Bei seinen Experimenten entdeckte Glauber auch die abführende Wirkung des Natriumsulfats, das zwar schon Paracelsus bekannt war, das aber erst unter Glaubers Namen als Glaubersalz in die Geschichte einging und bis in unsere Tage als Abführmittel benutzt wird. Im Gegensatz zu den Alchemisten, die von chemischen Verbindungen noch keine Ahnung hatten, kannte Glauber die Zusammensetzung des Salmiaks, der aus Ammoniak und Salzsäure besteht. Er kannte das Chlorgas, das er aus Braunstein und Salzsäure herstellte, um nur einige seiner chemischen Kenntnisse zu nennen. Glauber verbesserte auch die Destilliertechnik und manches andere Laborgerät, besonders auch die dort gebrauchten Öfen. Ein weiterer Alchemist, der sich im 17. Jahrhundert aus den magischen Vorstellungen der Alchemie zumindest zum Teil befreite und zum Chemiker wandelte, ist Johann Kunckel von Löwenstern (ca. 1630-1703). Kunckel hatte von seiner Herkunft her die besten Voraussetzungen für eine moderne Karriere; denn sein Vater war im Dienste des Herzogs Friedrich von Holstein Alchemist und Hüttenmeister in Hütten bei Rendsburg. Hier erlernte der sehr begabte Sohn Johann das Glasmachen und "allerley andere Feuerkünste". Mit diesen Kenntnissen und praktischen Erfahrungen trat er als "Chymicus und Pharmazeut" in den Dienst der Herzöge von Sachsen Lauenburg. In seinem dort eingerichteten Laboratorium befaßte er sich mit der Transmutation der Metalle, also noch mit alchemistischen Arbeiten, aber auch mit Farben. Nach Wanderjahren in Holland, wo er die venezianische Technik des Glasmachens erlernte, wurde er 1667 als Geheimer Kammerdiener und Direktor des Dresdener Laboratoriums an den Hof des Kurfürsten Johann Georg II. von Sachsen berufen. Er laborierte im sogenannten "Goldhaus" in Annaberg, dem damals größten alchemistischen und chemischen Laboratorium in Deutschland. Kunckel war ein unruhiger Geist. Er wechselte immer wieder seine Stellungen. Sein Hauptinteresse galt Zeit seines Lebens der Glasmacherei. Die wichtigste Entdeckung auf diesem Gebiet war ein Verfahren zur Herstellung von Goldrubinglas. Seine Erfolge brachten ihm 1679 die Stellung eines Geheimen Kammerdieners beim Großen Kurfürsten Friedrich Wilhelm in Berlin ein, der ihm später die Pfaueninsel im Wannsee schenkte.

1679 entdeckte er den Phosphor. Alchemistisch gesehen war der Phosphor, der im Dunkeln leuchtet und leicht entzündlich ist, ein konzentriertes kaltes Feuer. Dies und die Phosphorgewinnung aus menschlichem Urin ließen ihn als mögliche Vorstufe des Steines der

Weisen erscheinen. Das Rubinglas, eine Auflösung geringer Mengen Goldes in flüssiger Glasmasse, stand wegen seiner roten Farbe und seiner Goldhaltigkeit dem Stein der Weisen ebenfalls nahe. Wegen seiner geringen Menge Goldes wurde das Rubinglas mit der Roten Tinktur verglichen, deren Goldgehalt ja wie ein Same wirken sollte, der unedle Metalle in Gold verwandeln könnte. Erwähnt werden muß noch, daß Kunckel 1677 nach Wittenberg ging und dort wahrscheinlich experimentelle Alchemie lehrte. Hier übersetzte er auch das Buch "L'Arte vitraria" ins Deutsche. Er ergänzte die Übersetzung aber mit seinen eigenen, auf seinen Experimenten beruhenden Entdeckungen in der Glastechnik. Das Titelbild von Kunckels "Ars Vitraria Experimentalis" ist auf Seite 55 abgebildet. Kunckel war ohne Zweifel ein hochbegabter und sehr fachkundiger Chemiker. Noch geprägt von alchemistischen Zielen und Denkweisen, trug er dennoch viel zum Entstehen der Chemie als einer exakten Naturwissenschaft bei.

Einer der großen Technologen der Renaissance war Lazarus Ercker. Er brachte die Wissenschaft voran, indem er eine Technik entwickelte, die man damals "Cementieren" nannte. Es ist dies das Abscheiden von Edelmetallen aus ihrer Lösung durch unedle Metalle. Dabei gehen die unedlen Metalle in Lösung, während sich die edlen Metalle in äquivalenter Menge abscheiden. Die Theorie zu diesem Prozeß war den Alchemisten der Renaissance nicht bekannt. Jedoch legten sie mit diesem und vielen anderen Experimenten die Basis für spätere theoretische Erkenntnisse. Heute wissen wir, daß dieses Experiment auf der Spannungsreihe der Metalle beruht.

Lazarus Ercker beschreibt 1684 in seinem Probierbuch "Arte subterranea" das Brennen von Scheidewasser. Scheidewasser ist die sehr aggressive Salpetersäure, in der sich zwar Silber, Kupfer und andere unedle Metalle lösen, nicht aber das Gold. Weil man auf diese Weise die Beimengungen anderer Metalle vom Gold scheiden konnte, nannte man die Salpetersäure Scheidewasser.

Die Metallurgie

Wie schon im ersten Kapitel erwähnt, entstand die Alchemie im hellenistisch geprägten Ägypten im ersten Jahrhundert nach Christus durch das Zusammentreffen der neuplatonischen Philosophie mit einer damals in Ägypten schon sehr weit entwickelten Metallurgie. Das Gewinnen von Metallen aus ihren Erzen, das Mischen von Metallen, das heißt die Herstellung und Erforschung von Legierungen und nicht zuletzt auch das Auflösen von Edelmetallen in Quecksilber zu Amalgamen gehörte also zu den ureigensten Interessensgebieten der Alchemie. In der Renaissance bezeichneten die Alchemisten die Metallurgie als Probierkunst.

*Das Titelblatt der "Aula subterranea" von 1556 zeigt, daß Lazarus Ercker die Probierkunst noch immer in Abhängigkeit von der hermetischen beziehungsweise der neuplatonischen Philosophie sah. Vom Makrokosmos, der von Gott (Jahve) geschaffen ist, gehen Strahlen zum Mikrokosmos, zu den Metallen, die in den Felsen der Berge entstanden sind und dort lagern. Die spirituelle Verbindung der Planeten mit den Metallen wird durch ihre gemeinsamen Symbole demonstriert.
Die Allegorie zeigt die mystische Verbindung zwischen den Planeten und den Metallen, die mystische Verbindung der Probierkunst mit dem Kosmos.*

Auf dem Gebiet der Metallurgie waren die Alchemisten der Renaissance schon mehr Chemiker als Alchemisten; denn ihre rationalen Kenntnisse in der Probierkunst waren im Vergleich zu ihrem sonstigen chemischen Wissen weit besser. Das heißt die Erforschung der Metalle wurde rationaler betrieben als die Suche nach dem Stein der Weisen, wo fast ausschließlich noch Mystik und Magie im Spiel waren. In der Tat zeigen das auch die Bücher von Georg Agricola und Andreas Libavius und dem Generalprobiermeister Lazarus Ercker von Schreckenfels. Lazarus Ercker schreibt in seinem Buch über die Probierkunst - Titelbild siehe Seite 125 - nicht nur (frei ins Hochdeutsche übersetzt), daß die Probierkunst vor gar langer Zeit von den Alchemisten erfunden worden sei, sondern auch, daß man mit der Probierkunst nicht allein die Natur jedes Erzes erforschen könne, sondern auch herausfinden kann, mit welchen Metallen es vermischt ist und wie man diese Mischungen trennen kann. Johann Georg Agricula befaßt sich 1556 in seinem Werk "De re metallica" schon mit Messen und Wägen, also mit metallurgischen Analysen.

Eine Anlage für das schwierige Trennen von Metallen ist in der "De re metallica" von 1556 von Johann Georg Agricola zu sehen. Die Anlage diente zur Trennung von Blei und Silber, da natürlich vorkommendes Blei oft mit einem größeren Anteil an Silber vermengt ist. Um das wertvolle Silber zu gewinnen wird dabei das silberhaltige Blei geschmolzen und der so genannten Treibarbeit unterworfen. Dieses Verfahren gründet darauf, daß sich beim Erkalten einer Bleisilberlegierung an der Oberfläche zuerst Kristalle von reinem Blei abscheiden, die laufend abgeschöpft werden. Dadurch sinkt der Bleianteil der Le-

Saigerherd zum Trennen von Silber und Blei. Mit "D" ist der Saigerofen bezeichnet, in dem die silberhaltigen Bleikuchen "C" geschmolzen werden. Ein Gehilfe schöpft aus den zur Abkühlung aufgestellten Tiegeln das an der Oberfläche kristallisierende Blei ab. Das Schmelzen und Abschöpfen des kristallinen Bleis wird solange wiederholt, bis der Silberblick erscheint.
Der zu dieser Arbeit unerläßliche Blasebalg ist durch die Kette (H) angedeutet. Er mußte auf die Oberfläche der Schmelze gerichtet sein.
Aus J. G. Agricola:
De re metallica, 1556.

gierung kontinuierlich und der Silberanteil steigt entsprechend. Man wiederholt diesen Arbeitsgang so oft, bis sich das Silber in der Legierung hoch angereichert hat. Nun beginnt die eigentliche Treibarbeit. Auf dem Treibherd wird das Blei vor der mit einem Blasebalg angeheizten Flamme bei hoher Temperatur oxidiert. Das Bleioxid fließt als Bleiglätte von der Oberfläche ab, während das metallische Silber am Grunde zurückbleibt. Das Ende des Abtreibens wird durch das in Regenbogenfarben schillernde auf dem Silber schwimmende Häutchen von Bleioxid angezeigt, das schließlich zerreißt und den Blick freigibt auf das rückständige Silber. Mit dem Erscheinen dieses "Silberblicks" ist der Prozeß beendet.

Mit ähnlichen Verfahren konnten die Alchemisten auch drei Metalle voneinander trennen. Es ist erstaunlich, welch große Anlagen zur Verarbeitung von Metallen damals im 17. Jahrhundert schon errichtet worden sind und welch großes naturwissenschaftliches Wissen sich die Alchemisten mit der Probierkunst angeeignet haben.

Schmelztiegel

In jedem Alchemistenlaboratorium gab es eine Esse, in der mit einem leistungsfähigen Blasebalg hohe Temperaturen zum Schmelzen von Metallen erzeugt werden konnten.

Esse des alchemistischen Labors Schloss Weikersheim

David Teniers pinxit ca. 1630. A. H. Payne sculpsit; Stahlstich um 1850

David Teniers hat ein alchemistisches Laboratorium gemalt, in dem vorwiegend die Probierkunst gepflegt wird. Gleich an zwei Essen werden von den Probiermeistern mit dem starken Feuer des Blasebalgs Metalle geschmolzen. Das Laboratorium diente aber auch allen anderen alchemistischen Experimenten, wie ein Destilliergerät und zwei Geräte zur Sublimation zeigen.

Für die Verhüttung von Erzen, die schon in der Bronzezeit erfunden worden war, benutzte man bis zur Entdeckung der Steinkohle die Holzkohle. Sie war neben Holz in den verschiedensten Öfen der Alchemisten das bevorzugte Brennmaterial.

Die Alchemisten benutzten verschiedene Arten von Öfen. Ein ganz besonders interessanter Ofen war der "Bequemlichkeitsofen", der als der "Faule Heinz" bezeichnet wurde. Wir würden einen solchen Ofen heute als Dauerbrandofen bezeichnen. Es gab ihn in vielen verschiedenen Ausführungen; denn jeder Alchemist konstruierte und baute sich seinen Ofen nach seinen Erfahrungen selbst. Allen diesen Öfen gemeinsam war, daß sie einen Kohlevorrat aufnehmen konnten, der langsam von oben nachrutschte und das Feuer ernährte. Der Holzkohlevorrat wurde entweder in einem dicken Rohr oder in einem steinernen Turm in der Mitte des Ofens gelagert. Weil der Ofen stets mit Holzkohle versorgt wurde, ging er niemals aus. Diese Öfen hatten - wie alle alchemistischen Öfen - keinen Rauchabzug in einen Kamin. Lediglich einige Löcher in der Herdplatte sorgten für den Abzug des Rauches, entließen diesen aber in den Raum. Das Arbeiten in den Laboratorien muß schon - ganz abgesehen von den Schwermetalldämpfen - allein wegen des Rauches der vielen Feuer sehr ungesund gewesen sein.

Gemauerter Fauler Heinz. In der Mitte der Turm zur Aufnahme der Holzkohle, der durch Schieber geregelt die beiden Öfen rechts und links versorgte.   *Lazaris Ercker, 1644*

*Isaak Newton
Gemälde von G. Kneller 1702*

Am Beginn der exakten Wissenschaften steht auch Isaac Newton, der 1643 in Woolsthorpe bei Grantham (Lincolnshire) geboren wurde. Er war vor allem als Physiker Wegbereiter der modernen Wissenschaften.

Isaac Newtons war der Entdecker von Schwerkraft und Trägheit. Er war ein genialer Mathematiker und Erfinder. Bereits zu Lebzeiten erlangte Newton Ruhm und Anerkennung. Bis heute gilt er als einer der größten Physiker überhaupt. Seine umfangreichen alchemistischen Studien hielt er aber unter Verschluss.

Erst 1936, mehr als 200 Jahre nach seinem Tod, stießen Historiker auf Notizen in seinem Nachlass, die seine alchemistischen Experimente belegen. Sein Neffe, Humphrey Newton, notierte, sein Onkel verbringe seine Zeit mit seltsamen Forschungsversuchen. Tag und Nacht brenne das Herdfeuer.

Der berühmte Physiker hantierte in seinem Labor mit giftigen Substanzen wie Blei, Antimon, Quecksilber und Arsen. Vielleicht hat Isaac Newton seine alchemistischen Forschungen nicht öffentlich gemacht, weil er die Alchemie für zu unwissenschaftlich im Vergleich zu seinen physikalischen Erfolgen hielt, die er berechnen konnte. Tragisch ist, daß der begabte Forscher sich bei seinen alchemistischen Experimenten wahrscheinlich vergiftete. Man wußte damals noch nicht, wie giftig vor allem das Quecksilber ist mit dem Isaac Newtons nachweislich viel experimentiert hat. Im Alter von 51 Jahren begann Isaac Newton plötzlich seltsame Briefe an seine Freunde zu schreiben. Langjährigen Vertrauten kündigte er ohne erkennbaren Grund die Freundschaft. Auch klagte er über Schlaflosigkeit und unerklärliche Beschwerden.

Wie man heute weiß, waren dies eindeutige Zeichen einer Quecksilbervergiftung. Die chemische Analyse einer erhaltenen Haarsträhne Newtons hat dies bestätigt: Sie wies einen hohen Quecksilbergehalt auf. Isaac Newton erholte sich von dieser Krankheit nicht und starb 1727 im Alter von 84 Jahren.

Wind- oder Schmelzofen zum Schmelzen von Metallen. Der Tiegel mit dem Metall steht im Feuer, das mit einem Blasebalg (hier nicht zu sehen) zur Hochglut angefacht wurde. Man setzte den Schmelztiegel in einen engen Feuerraum, um die Hitze dort zu konzentrieren.

Aus Nicolei Le Februre, Handleiter und Guldenes Kleinod 1685

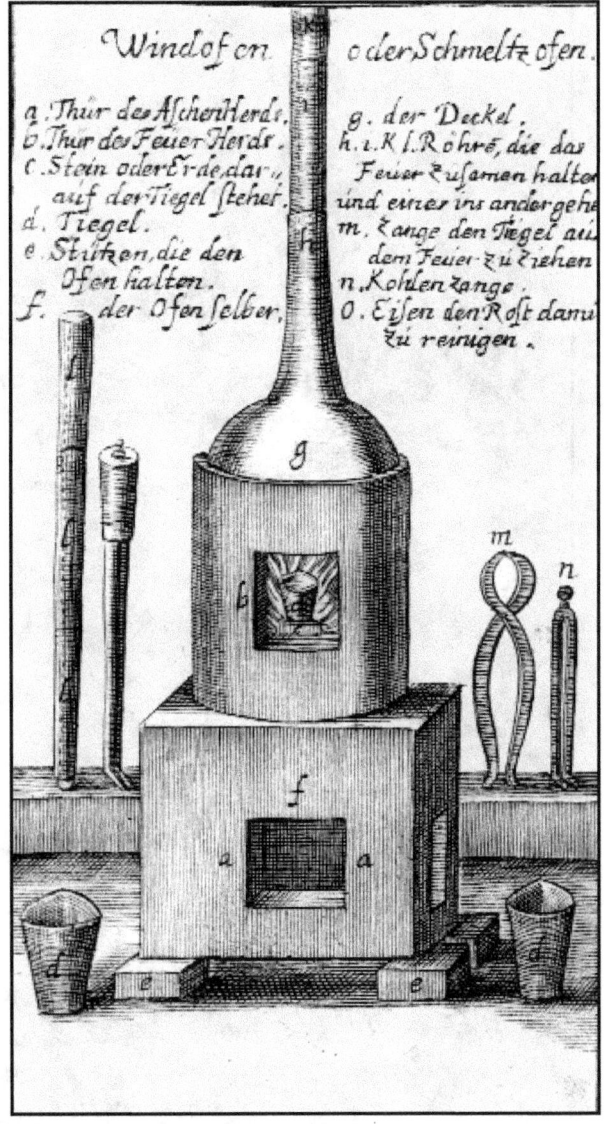

Ofen zum Herstellen von Säuren. Die Retorte war mit einer Haube abgedeckt, um die Hitze besser zu halten. Hier ist auch dargestellt, daß der Rauch ohne Kamin in den Raum entlassen wurde.

Aus Nicolei Le Februre, Handleiter und Guldenes Kleinod 1685.

Aus: Descriptions des arts et metiers, 1762

Die Holzkohle zur Verhüttung der Metalle wurde von Köhlern in den Wäldern in Meilern in großen Mengen hergestellt. Das Bild zeigt die Arbeit eines Köhlers in sechs Schritten.

1. Errichtung eines Pfahles in der Mitte des Meilers. 2. Aufschichtung von Holz um diesen Pfahl in Form einer Pyramide. 3. Abdeckung des Ganzen mit Erde, wobei in Abständen zum Abzug des Rauches Löcher in die Abdeckung gemacht wurden. 4. Der Meiler brennt. 5. Der Meiler ist ausgebrannt. 6. Nach dem Ausbrennen wird die Holzkohle eingesammelt. Diese Technik der trockenen Destillation wird heute in verschlossenen Reaktionsgefäßen ausgeführt, wobei aus dem Rauch Teer, Holzessig und weitere für die Chemie wichtige Stoffe gewonnen werden.

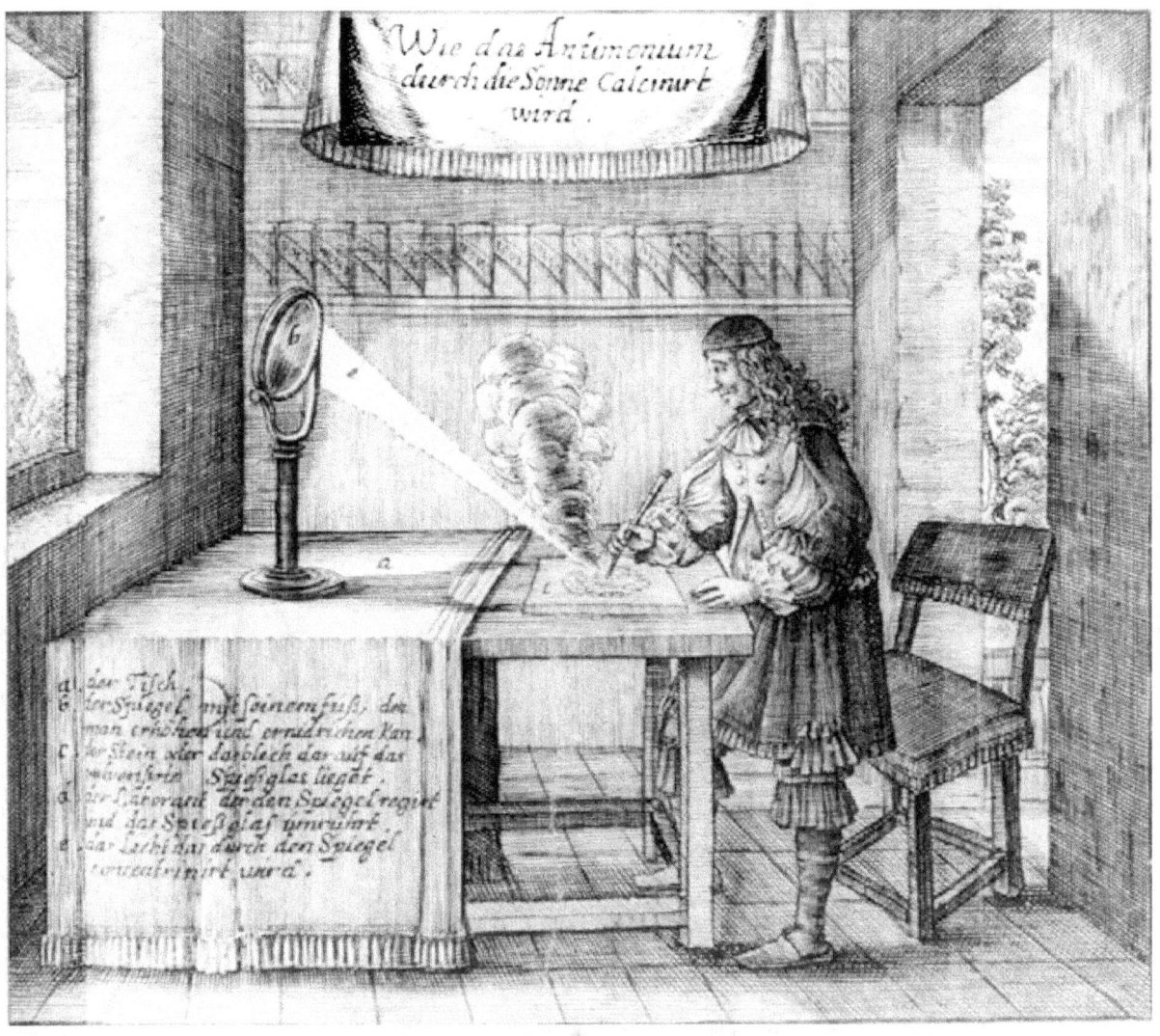

Zu den geheimnisvollsten Laborgeräten gehörte das Brennglas, das im 16. Jahrhundert gerade erfunden worden war. Die Alchemisten - vor allem die an den Fürstenhöfen - nahmen diese Möglichkeit des Experimentierens freudig auf; denn es war ja für die Adepten ganz offensichtlich, daß bei der Umwandlung von Stoffen mit dem Feuer der Sonne überirdische Kräfte mit im Spiel sein mußten. Die Sonne als der "Planet" des Goldes wirkte hier direkt und sichtbar auf die irdische Materie ein und verwandelte sie. Der Kupferstich von Le Februe zeigt, wie ein Alchemist Antimon verbrennt. Die Alchemisten nannten diesen Oxidationsvorgang calcinieren. Antimon war in der Paracelsischen Medizin ein wichtiger Stoff, da manche Antimonverbindungen - wie zum Beispiel Antimon-5-sulfid - von roter Farbe sind.

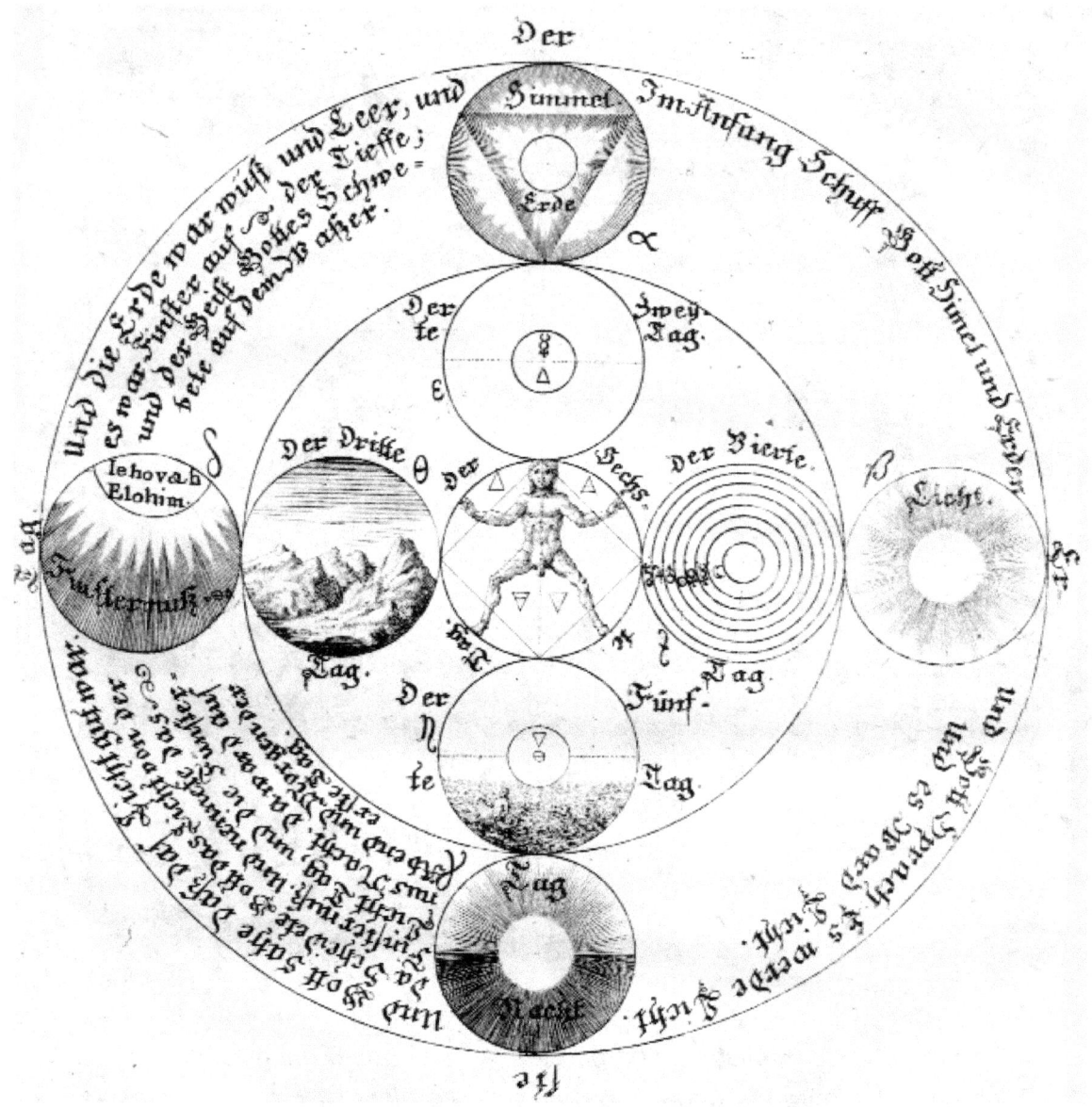

(Aus Georg von Welling, Opus Mago-Cabbalisticum 1735)

Die obige Zeichnung gehört zu den vielen nur schwer zu verstehenden Bildern, die von Alchemisten für Alchemisten zur Meditation geschaffen worden sind. Eingebettet in den Kanon der Erschaffung der Welt ist der Mensch hier als die Krone der Schöpfung in den Mittelpunkt gestellt. Der Kreis, von dem er umgeben ist, symbolisiert nach alter Überlieferung den Himmel, das Quadrat die Erde. Begleitet wird die Figur des Menschen von den alchemistischen Symbolen der vier Elemente, den Symbolen des Feuers, des Wassers, der Luft und der Erde. Die kreisförmige Anordnung der sieben Tage der Schöpfungsgeschichte bindet den Menschen ein in die Natur. Diese Meditationsbilder ließen den Gedanken und Emotionen des Betrachters freien Lauf.

Das neunte Kapitel

knüpft die Verbindung zu den "Hilfswissenschaften" der Alchemie. Es zeigt, daß die spirituelle Grundlage der Alchemie die neuplatonische Philosophie war.

Die Astrologie und die Vorstellung von der Materie spielen hier eine Rolle.

Die vier Elemente: Feuer, Wasser, Luft und Erde

Während wir heute wissen, daß die Materie, die den Kosmos bildet, aus 92 verschiedenen Stoffen - den chemischen Elementen - aufgebaut ist, war vom 5. Jahrhundert vor Christus bis in unser 19. Jahrhundert die Vorstellung allgemein, daß die Welt aus den vier Elementen Feuer, Wasser, Luft und Erde bestehe. Der griechische Philosoph Empedokles (490 bis 430 v. Chr.) betrachtete die vier Elemente als unveränderlich, während Aristoteles (384 bis 322 v. Chr.) sie als ineinander umwandelbar ansah. Durch das Zusammenfügen oder Trennen der vier Bausteine der Welt sollte Werden und Vergehen der Körperwelt bedingt sein. Mit dieser Aristoteles'schen Idee wurde später auch die alchemistische Transmutationslehre von der Umwandlung unedler Metalle in Silber oder Gold begründet. Die Alchemisten glaubten, daß insbesondere die Metalle nicht einheitliche, sondern zusammengesetzte Stoffe seien und daß man solche Stoffe mit geistigen Kräften und bestimmten Manipulationen in das begehrte Gold umwandeln könne. Aristoteles fügte den vier Elementen als fünftes noch den Äther hinzu. Dieser "Himmelsbaustoff" war die Quinta essentia, die von Paracelsus später als Extrakt aller Elemente angesehen wurde.

Michael Maier stellt in seiner Atalanta fugiens die vier Elemente personifiziert dar. Er bemerkt zu diesem Bild: "wenn du von vieren eines tötest, bald werden sie alle sterben".

Wenn man sich die Mühe macht, die Welt mit den Augen, dem Wissen und dem Fühlen der Menschen vor Jahrhunderten zu betrachten, so kann man verstehen, daß die Menschen damals auf der Suche nach Erkenntnis dem Feuer, der Luft, dem Wasser und der Erde grundsätzliche Bedeutung für den Aufbau und das Funktionieren der Welt zumaßen. Denn diese vier Erscheinungen der stofflichen Welt hatten alle etwas Außergewöhnliches, nicht Erklärbares an sich.

Das Feuer war eine geheimnisvolle und von seiner Substanz her überhaupt nicht greifbare und erklärbare Erscheinung. Es schien, daß es eine geistige Dimension offenbare, die sowohl alles vernichten wie auch Segen stiften und Stoffe in neue umwandeln konnte. Dies alles führte zu dem Glauben, vom Feuer müßten magische Kräfte ausgehen. Die Luft, als Gas, war außergewöhnlich, weil es einen Stoff in diesem nicht sichtbaren aber doch spürbaren Zustand damals sonst nicht gab. Die Luft ähnelte auch dem, was man sich unter dem Odem Gottes vorstellte. Das Wasser wurde wegen seiner flüssigen Form für einen Baustein der Welt gehalten. Man sah in ihm nicht nur den Lebensspender schlechthin, den alle Natur brauchte, sondern man sah im Wasser auch den Gegenspieler des Feuers, der dieses vernichten konnte. Dieser Dualismus war auch - wie schon ausführlich beschrieben - die spirituelle und materielle Basis bei den Versuchen, den Stein der Weisen herzustellen. Schließlich war die Erde wegen des Geheimnisses ihrer Fruchtbarkeit ein Baustein dieser Welt. Sie brachte alle Pflanzen zum Wachsen. Aus der Erde konnte man Metalle, Schwefel und Salz gewinnen. Und wie schon früher erwähnt, wirkten in der Erde nach den Vorstellungen der Alchemisten Naturkräfte, die über lange Zeiträume alles verwandelten, vor allem aber unedle Metalle zu Gold und Silber werden ließen. Aus dieser Vorstellung wurde die Idee geboren, die Naturkräfte, die in der Erde wirken zu gewinnen, sie in einer Tinktur zu konzentrieren und mit ihr zu versuchen, durch Benetzen unedle Metalle in Sekundenschnelle in Gold zu verwandeln. So war die Erde als prima materia der Urgrund des Steines der Weisen.

Einer sehr alten heidnischen Tradition folgend stellte man

Salamander im Feuer, aus Michael Maier 1618

sich die vier Elemente belebt vor. "Innwohner" der Elemente waren die verschiedenen Elementargeister. In den Wassern lebten die Nymphen und Sirenen, in der Erde die Gnome und Lemuren (Basilisken), in der Luft die Umbrati und die Satyren und im Feuer lebten die Vulkanales und Salamander. Alle Elementargeister wurden als menschenähnliche, dämonische Wesen begriffen.

Sehr interessant, weil mit der griechischen Mythologie verschlüsselt, sind die vier Allegorien des französischen Malers Nicolas Vleughels. Er wurde 1668 in Paris geboren und lebte von 1724 bis zu seinem Tode im Jahre 1737 in Rom, wo er Direktor der französischen Akademie war. Er malte mythologische und religiöse Bilder. Die hier gezeigten vier Kupferstiche sind 1721 von L. Surugue nach Gemälden von Vleughels gestochen worden. Die Stiche tragen die Titel der vier Elemente: Terra, Aqua, Ignis und Aer.

1.) Terra: Die griechische Erdgöttin Gaia, die die Erde allegorisch eigentlich gut verkörpern könnte, spielt in dieser Allegorie nur eine unsichtbare Rolle. Es wird vielmehr der Kampf des Herkules mit dem Giganten Antaeus (griech. Antaios) dargestellt, der ein Sohn des Meeresgottes Poseidon und eben dieser Erdgöttin Gaia war. Der Gigant Antaeus, sich seiner großen Kraft bewußt, forderte jeden, dem er begegnete, zum Ringkampf auf und brachte ihn mit seiner übermächtigen Kraft um. Dieser zu nichts anderem fähige Kraftprotz hatte nun seinem Vater Poseidon versprochen, ihm zur Ehre aus den Hirnschalen seiner Gegner einen Tempel zu bauen. So legte sich Antaeus auch mit Herkules an. Herkules wußte, daß Antaeus deshalb so stark war, weil seine Mutter, die Erdgöttin Gaia, ihn mit immer neuer Kraft versorgte, solange er die Erde berührte. So hob Herkules den Antaeus während des Kampfes in die Luft. Antaeus verlor so den Kontakt zur Erde. Seine Kräfte erlahmten und Herkules drückte ihm den Brustkorb ein.

Auf dem Bild schauen einige Mädchen dem Kampf der Giganten zu und erbauen sich ganz offensichtlich an der Kraft der Männer. Nur ein Mädchen hilft Herkules, indem sie dem Antaeus den Fuß hochhält, damit er die Erde nicht berühre.

2.) Aqua: Das Bild, das das Element Wasser versinnbildlichen soll, zeigt die Geburt der Venus (griech. Aphrodite) in den Fluten des Meeres. Die griechische Göttin der Liebe und Schönheit war nach der Mythologie eigentlich die Tochter des Zeus und der Dione. Nach Hesiod aber war sie die Schaumgeborene, weil sie aus dem Schaume der Wellen des Meeres geboren worden war. Dieser hatte sich rings um die Genitalien gebildet, die Kronos seinem Vater Uranos mit einer Sichel abgeschnitten hatte. Ihre geheimnisvolle Geburt ereignete sich bei der Insel Kypros (Cypern). Kronos hatte seinen Vater Uranos entmannt, weil er die Kinder, die ihm Gaia, die Erdgöttin, gebar, sofort nach der Geburt der Mutter wegnahm und versteckte. Als nun Uranus Gaia eben wieder einmal umfangen wollte, entmannte ihn Kronos und warf die Genitalien ins Meer. Aus der Verbindung mit diesem wurde Venus, die Göttin der Liebe, geboren.

Das Bild zeigt diese Geburt in einer ganz anderen Auffassung, als das berühmte Bild von Botticelli. Venus wird hier von einem Jüngling aus dem Meer gehoben. Gleichzeitig aber sieht man sie schon zusammen mit dem kleinen Amor in einem prunkvollen Kahn, der per Hand gezogen wird. Im Hintergrund ist ein Mischwesen halb Mensch halb Pferd, zu sehen, das von zwei Nymphen umschwärmt wird. Diese Szene soll dem Bild wohl eine zusätzliche erotische Note geben.

3.) Ignis: Das Element Feuer wird von Vleughels durch das Feuer der Unterwelt symbolisiert, das auf dem Bild im Hintergrund zu sehen ist. Allegorisch verschlüsselt ist es mit dem Mythos der schönen Alcestes. Sie war die Gattin des Admetos, der König von Pherae in Thessalien war. Ihm war von den Moiren, den Schicksalsgöttinnen, Unsterblichkeit zugesagt, wenn in der Todesstunde des Königs ein anderer Mensch bereit sein würde, für ihn zu sterben. Doch als die Todesstunde kam, wollten nicht einmal die alten Eltern des Admetos das Opfer ihres Lebens bringen. Nur seine junge Gattin zögerte nicht und stieg für ihn in den Hades hinab.

Das Bild zeigt Herkules wie er Alcestes in den Nachen des Charon führt, der sie über den

Fluß Acheron in den Hades bringt. Dort aber hat Herkules dann die treue Gattin in hartem Ringen der Todesgöttin Persephone wieder entrissen und sie dem Gatten zurückgegeben. Das Feuer, um das es hier geht, ist nach der Mythologie nicht im Hades zu vermuten; denn hier brannte nach der griechischen Mythologie kein Feuer. Vleughels ist hier ungenau. Er meint in Wirklichkeit die christliche Hölle, die den Menschen des 18. Jahrhunderts ja auch näher lag. Lediglich die Randfiguren auf dem Blid zeigen das Feuer wirklich. Im Hintergrund sieht man den sterbenden König Admetos.

4.) Aer: Das Element Luft wird durch den Nordwind Boreas dargestellt. Boreas, der König aller Winde, war der Gewaltigste unter den vier Winden. Er ist der Wind, der Schnee und Kälte bringt. Boreas genoß in vielen Städten Griechenlands kultische Verehrung. In Thurioi in Unteritalien wurde er sogar zum Ehrenbürger gemacht, weil er eine feindliche Flotte zersprengt hatte. Zugleich war Boreas aber auch ein Mädchenräuber. Das Gemälde zeigt auf dramatische Weise wie Boreas die Oreithyia, die Tochter des Erechtheus, des Königs von Athen entführt. Eine der erschreckten Gespielinen der Oreithyia versucht sie am Rocksaum festzuhalten. In seiner Heimat Trakien zeugte Boreas mit der geraubten Oreithyia die Boreaden Kalais und Zetes.

Die Astrologie

Die Astronomie und ihre Zwillingsschwester, die Astrologie, gelten neben der Theologie in der Geschichte der Menschheit als die ältesten theoretischen Wissenschaften. Mit ziemlicher Sicherheit entstand die Sternenkunde schon vor mehr als 6000 Jahren in den sternklaren Nächten an Euphrat und Tigris. Sie entwickelte sich dort zum religiösen Fundament der Chaldäer und Babylonier und später auch der Griechen und Römer; denn Götter des griechisch-römischen Götterhimmels sind nach den Planeten Jupiter, Mars, Merkur, Saturn und Venus benannt. Auch die sieben Stufen der berühmten Pyramide zu Babylon, auf deren Spitze den Göttern geopfert wurde, sollen den sieben Wandelsternen, also den Planeten, geweiht gewesen sein. Als Planeten galten damals nicht nur die fünf zu dieser Zeit mit bloßem Auge sichtbaren Wandelsterne, sondern auch die sich am Himmel bewegende Sonne und der Mond. Wahrscheinlich schrieb man diesen Gestirnen göttliche Kraft zu, weil sie im Gegensatz zu den Fixsternen am Himmel in seltsamen Schleifen wanderten und demnach wohl lebten. Der vom Volke bis in unsere Zeit noch so lebendig gebliebene Glaube, daß alles irdische Geschehen durch den Gang der Sterne beeinflußt und eventuell auch vorherverkündet wird, hat also in der Mythologie des Zweistromlandes seinen Ursprung.

Grundlage aller Astrologie ist die Beobachtung der Planeten einschließlich Sonne und Mond und eine damit verbundene Deutung. Nach astrologischer Lehre werden den Planeten Eigenschaften menschlicher Temperamente und der vier Elemente Feuer, Wasser, Luft und Erde zugeschrieben. Diese Eigenschaften beeinflussen unter bestimmten Voraussetzungen das Schicksal der Menschen. Der Grad des Einflusses hängt von der Stellung der Planeten im Tierkreis ab. Wobei die stärkste Wirkung auf das Schicksal der Menschen ein Planet dann hat, wenn er in seinem Haus steht; das heißt in dem dem Planeten schon vor Urzeiten von der Astrologie zugeordneten Tierkreiszeichen. Die Planeten haben je zwei Häuser. Eins für den Tag und eins für die Nacht. Sonne und Mond jedoch haben nur ein Haus, die Sonne ein solches für den Tag, der Mond eines für die Nacht. Die Tabelle zeigt die Verteilung der Häuser auf die Planeten.

Daneben gilt es aber auch die Stellung der Planeten untereinander zu berücksichtigen, wie in dem Kapitel über Kalender und Uhren noch näher berichtet werden wird. In der Renaissance erlebte die Astrologie und mit ihr das Horoskop als angewandte Astronomie vor allem durch die Alchemie eine neue Blüte.

Planet	**Nachthaus**	**Taghaus**
Saturn	Wassermann	Steinbock
Jupiter	Fische	Schütze
Mars	Widder	Skorpion
Sonne	----------	Löwe
Venus	Stier	Waage
Merkur	Zwillinge	Jungfrau
Mond	Krebs	----------

Das Horoskop

Das Horoskop ist die Aufzeichnung der Stellung der Gestirne zur Stunde der Geburt eines Menschen sowie die daraus abgeleitete Aussage über seinen Charakter und sein Schicksal.

In der Alchemie war die Berücksichtigung des Horoskops wesentliche Voraussetzung für die Arbeiten im Laboratorium; denn die Abhängigkeit der Metalle von den Planeten mußte bei allen Arbeiten bedacht werden. Zum Beispiel konnte man mit Quecksilber (lat. Mercurius) am erfolgreichsten Arbeiten, wenn der Planet Merkur in seinem Haus stand oder die Stunde von Merkur regiert wurde. Dasselbe galt auch für das Hauptanliegen der Alchemie, für die Bereitung des Steines der Weisen. Und da der damals hoch angesehene und später berühmt gewordene Arzt und Alchemist Paracelsus für seine Medizin auch die Befragung der Sterne strikt forderte, wurde die Astrologie in der Renaissance zu einem der Grundpfeiler der damaligen Wissenschaften. In den vorangegangenen Kapiteln ist deshalb über den Einfluß der Gestirne auf die Metalle sowie auf die Gesundheit des Menschen immer wieder hingewiesen worden.

Zum Zeichen der engen Verbindung zwischen Alchemie und Planeten hat Michael Maier seinem "Vivatorium" ein Titelblatt gegeben, das die zwölf Planeten als Allegorien darstellt. Sie sind mit ihren alchemistischen Symbolen und den Tierkreiszeichen ihrer Häuser gekennzeichnet.

Für das Schicksal des Menschen war die Stunde, in der er geboren wurde von großer Bedeutung; denn der Planet, der die Geburtsstunde regiert hatte, übte Einfluß auf das ganze Leben aus.

Um das Horoskop zu erstellen, suchte man in einer Tabelle den Planeten auf, der die Stunde der Geburt regiert hatte. Aus der Tabelle ersieht man, daß der Tag damals nicht um Mitternacht begann wie heute sondern um 3 Uhr morgens. Der Beginn des Tages war nämlich mit dem frühesten Sonnenaufgang im Jahr, der am 24. Juni stattfindet, festgelegt worden. Die Festlegung der Planetenstunden, die sich in dieser Tabelle Woche für Woche in

Planeten-Stunden/ ordentlich auff Tag vnd Nacht gerichtet.

Morgenstunden. Mittagsstunden. Abendstunden. Nachtstunden.

gleicher Reihenfolge wiederholen, ist schon in sehr alter Zeit geschehen. Aufgrund welcher mythologischen Vorstellungen dies geschah, wissen wir nicht. Bedeutung hat die Tabelle der Planetenstunden für uns heute noch insofern, daß die Planeten der ersten Stunde jeden Tages diesem seinen Namen. Die erste Stunde des Sonntags gehört also der Sonne, die erste Stunde des Montags dem Mond, des Dienstags (franz. Mardi) dem Mars, des Mittwochs (franz. mercredi) dem Merkur, des Donnerstags (franz. jeudi) dem Jupiter, des Freitags (franz. vendredi) der Venus und die erste Stunde des Samstags (engl. Saturday) gehört dem Saturn. Nach dieser Tabelle haben auch die Alchemisten - neben anderen mythologischen Gesichtspunkten - ihre Arbeiten im Laboratorium zeitlich ausgerichtet. Auf der nächsten Seite ist das Diagramm eines Horoskops abgebildet, wie es früher üblicherweise zur Charakterisierung eines Menschen angelegt wurde. Warum man das Horoskop damals in diese für uns heute nicht leicht verständliche Form brachte, wissen wir nicht. Es könnte sich um eine das Schicksal beschwörende Formel handeln, die einem Neugeborenen auf den Lebensweg mitgegeben wurde.

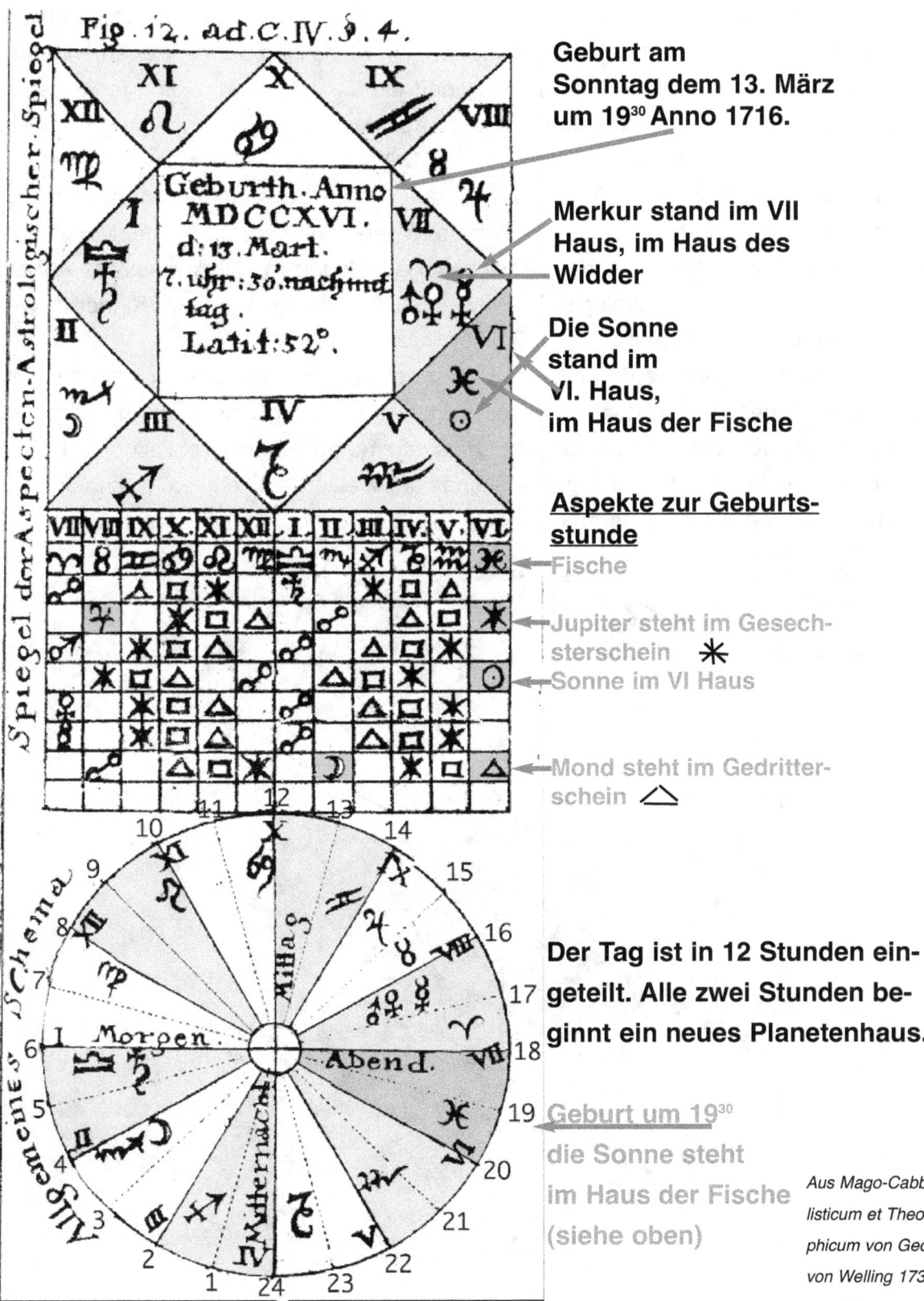

Aus Mago-Cabbalisticum et Theosophicum von Georg von Welling 1735.

Bei dem als Diagramm dargestellten Horoskop auf der vorhergehenden Seite handelt es sich um einen am 13. März 1716 um 19³⁰ geborenen Menschen. Aus der oben angeführten Tabelle der Planetenstunden geht hervor, daß die Geburtsstunde vom Merkur regiert wurde. Da Merkur bei der Geburt aber nicht, wie aus dem Diagramm zu entnehmen ist, in einem seiner Häuser nämlich im Sternbild der Zwillinge oder der Jungfrau sondern im Haus des Widders stand, ist der Einfluß von Merkur auf das Leben dieses Menschen nicht besonders stark. Trotzdem, der unter diesem Stern geborene Mensch hat merkurische Eigenschaften und sein Leben wird nach Ansicht der Astrologen von Merkur gelenkt. Auf den Seiten 148 bis 161 ist die astrologische Einwirkung der Planeten auf ihre Kinder in Wort und Bild ausführlich dargestellt.

Welch magische, für uns heute unverständliche astrologische Diagramme, die Alchemisten bei ihren Arbeiten benutzten, zeigt die Zeichnung aus dem Opus magnum Cabbalisticum von Georg von Welling (unten). Das Opus ist eine ausführliche philosophische und praktische Anleitung zur Herstellung des Steines der Weisen. Aus diesem Buch von 1735 hat Goethe seine Alchemie gelernt, die er zur Dichtung seines "Faust" brauchte.

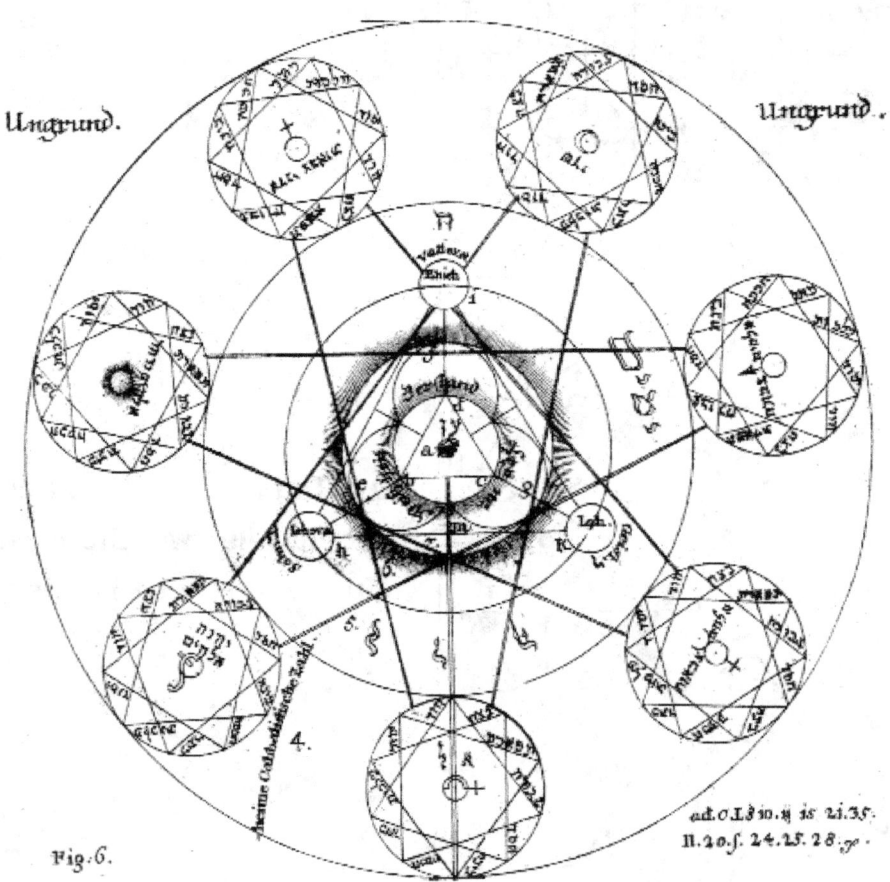

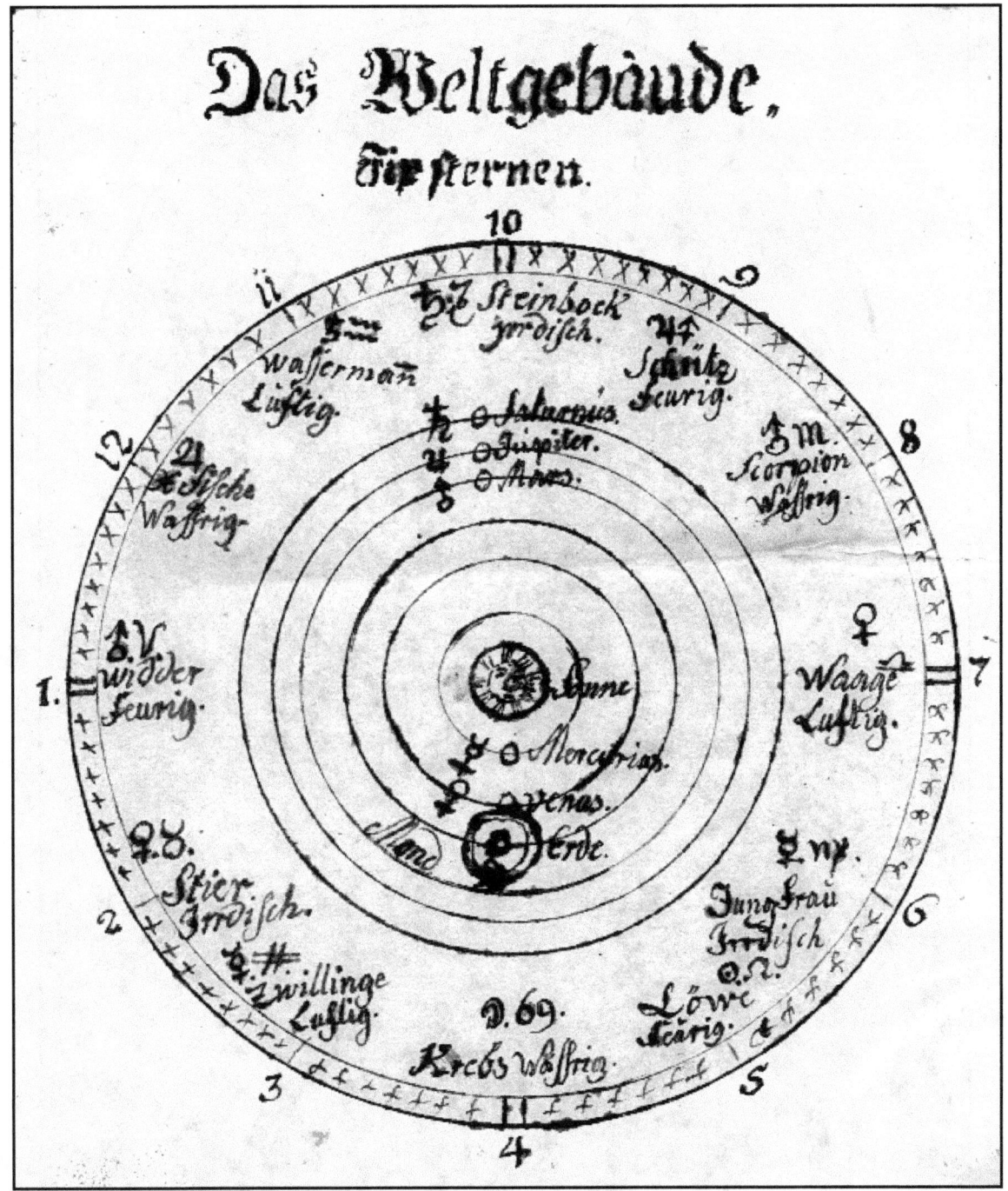

Die Handzeichnung eines unbekannten Philosophen aus der Mitte des 18. Jahrhunderts zeigt die Erde eingebettet in den Makrokosmos. Die Zeichnung war ein Hilfsmittel zur Erstellung eines Horoskops.

Einige berühmte Männer wie Livius, Theodosius oder Seneca sind hier als Planetenkinder dargestellt. Sie bestimmen die Konstellationen der Planeten ihrer Geburtsstunde zur Erstellung ihres Horoskops. Nach diesem Bild war Seneca ein Sonnenkind. Er war in einer Stunde geboren, die von der Sonne regiert worden war.

Splendor Solis

Die folgenden sieben künstlerisch hervorragenden Bilder dürfen in einem ikonographischen Streifzug durch die Alchemie nicht fehlen; denn sie gehören zu den Glanzpunkten alchemistischer Darstellungskunst in der Renaissance. Die Bilder wurden 1582 von Salomon Trismosin für sein illustriertes Traktat "Splendor solis", also "Glanz der Sonne" hergestellt. Es sind Allegorien der Planetenkinder. Sie zeigen in dramatischer Bewegtheit jeweils die allegorische Darstellung eines Planeten zusammen mit den Menschen, die in der Stunde dieses Planeten geboren wurden. Der Planet, der die Geburtsstunde regiert, nimmt auf den Charakter und das Lebensschicksal des Menschen einen starken, das ganze Leben prägenden Einfluß. Das jedenfalls glaubten und glauben noch heute die Astrologen.

Das Besondere an den Planetenbildern von Salomon Trismosin ist die Einfügung chemischer Retorten in die Mitte der Bilder. Die Retorten sind mit Allegorien "gefüllt", die die sieben Stufen auf dem Wege zur Herstellung des Steines der Weisen symbolisieren. Wenn auch dieser Weg zum "Großen Werk", der hier dargestellt ist, gegenüber der allgemeinen Auffassung der Alchemisten etwas verworren und seltsam ist, so trifft die Idee als solche doch sehr gut das Anliegen der hermetischen Philosophie, nämlich den Zusammenhang von Makrokosmos und Mikrokosmos bei der Bereitung des Steines der Weisen zu zeigen. Trismosin stellt mit diesen Allegorien einen speziellen und ganz engen Bezug der Planeten zur Alchemie her, den man sonst bei dieser Art von Allegorien nicht findet.

Die Allegorien des Salomon Trismosin sind nach einem bestimmten Schema gefertigt, das zu förderst den jeweiligen Planeten als Allegorie in den Wolken zeigt, manchmal reitend auf einem Pferd, manchmal in einem Wagen über die Wolken dahinfahrend. Darunter befinden sich dann eingebettet in die verschiedensten Landschaften die "Kinder" des Planeten.

Saturn

Die Allegorie des Saturn führt in eine düstere, ja schaurige Welt; denn er ist unter den Planeten der böse. Er fährt mit einem von zwei Drachen gezogenen Wagen über den Himmel. In der Hand hält er die Sichel, die an zeigt, daß er für die unguten Seiten des Lebens und den Tod verantwortlich ist. Der Leichenzug, den man im Bild links erkennen kann, zieht durch das Tor des Todes. Aber auch alles andere auf dem Bild ist vom Grauen bestimmt. So die Hinrichtungsstätte rechts oben, der pflügende Bauer, der seine Pferde prügelt und der die Schweine schlachtet. Alte und gebrechliche Menschen, Streitende und vom Pech Verfolgte sind zu sehen. Und der alte Mann, der Wasser in ein Faß füllt, das unten nicht verschlossen ist, symbolisiert die Vergeblichkeit, ja die Sinnlosigkeit menschlichen Lebens.

In der Retorte feuert Saturn den Drachen mit einem Blasebalg an, der die prima materia symbolisiert. Die Flügel zeigen, daß er verdampft.

Jupiter

Die Allegorie des Jupiter strahlt Freude aus. In den Wolken sieht man den obersten der Götter in einem prächtigen, von zwei männlichen Pfauen gezogen Wagen, über den Himmel fahren. Jupiter hält als Zeichen seiner Macht, ein Zepter, in der Hand und wird von einem Ritter bedient. Hinter ihm erstrahlt die Sonne. Mit ihrem bunten Gefieder symbolisieren die Pfauen Freude; denn Jupiter verheißt seinen Planetenkindern Glück und Wohlstand.

Dies versinnbildlichen die geistlichen und weltlichen Würdenträger in einer vornehmen Stadtlandschaft im unteren Teil des Bildes. Hier sind die materiellen Freuden des Menschen abgebildet: Der Papst krönt einen König, Händler machen ihre Geschäfte und es wird mit Gold gehandelt und bezahlt, wie die Goldwaage symbolisiert. Ganz in der Ferne findet zur Belustigung eine Fuchsjagd statt.

Links vor der Burgmauer sieht man zwei Alchemisten mit einem Destilliergerät und Retorte hantieren. Auch sie sind Kinder des Jupiter.

Das Gefieder des roten, weißen und schwarzen Vogels in der Retorte hat die Farben des großen Werkes. Die Vögel kämpfen miteinander zum Zeichen, daß sich der brodelnde Inhalt in der Phase der Reaktion und der Umwandlung zum Stein der Weisen befindet.

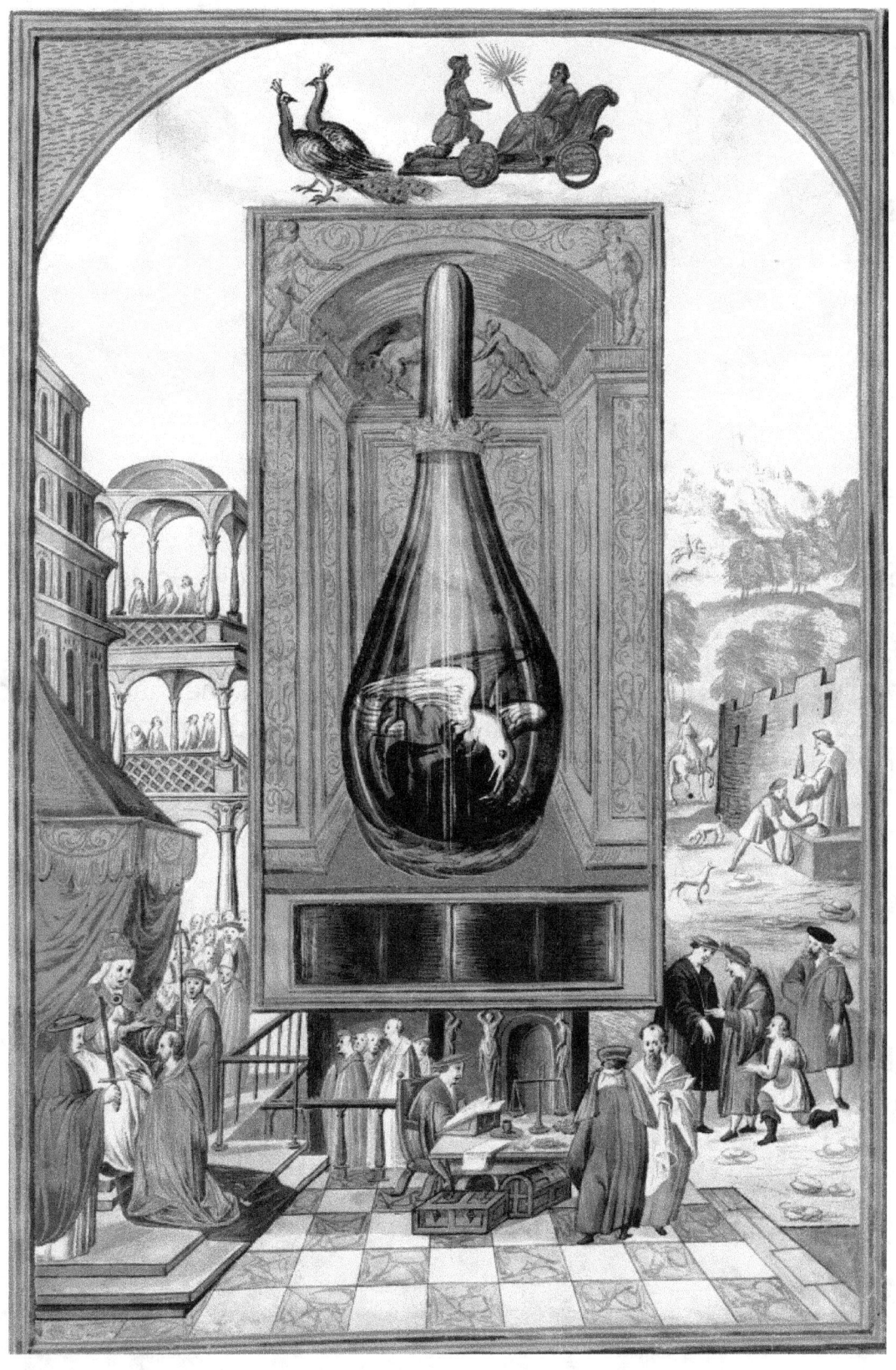

Mars

Mars ist der Kriegsgott. In Eisen gewappnet mit Schild und Spieß fährt er in einem Kampfwagen über die Wolken. Der Wagen wird von zwei gefährlichen Wölfen gezogen. Die Kinder des Mars sind die Soldaten und die Schmiede, die Waffen herstellen. Im Vordergrund sieht man Soldaten im Schlachtengetümmel. Links brandschatzen und plündern sie. Und damit auch alles Unheil, das der Krieg mit sich bringt zu sehen ist, wird rechts noch gezeigt wie die Kinder des Mars, die wilden Soldatenhaufen, den Bewohnern das Vieh wegtreiben, so daß eine Hungersnot ausbricht.

Der Vogel mit den drei Köpfen in der Retorte zeigt an, daß die Materie dreimal sublimiert worden ist und sich nun im gasförmigen Zustand befindet. Die Kraft des Feuer wird erhöht, um das Reine vom Unreinen zu scheiden.

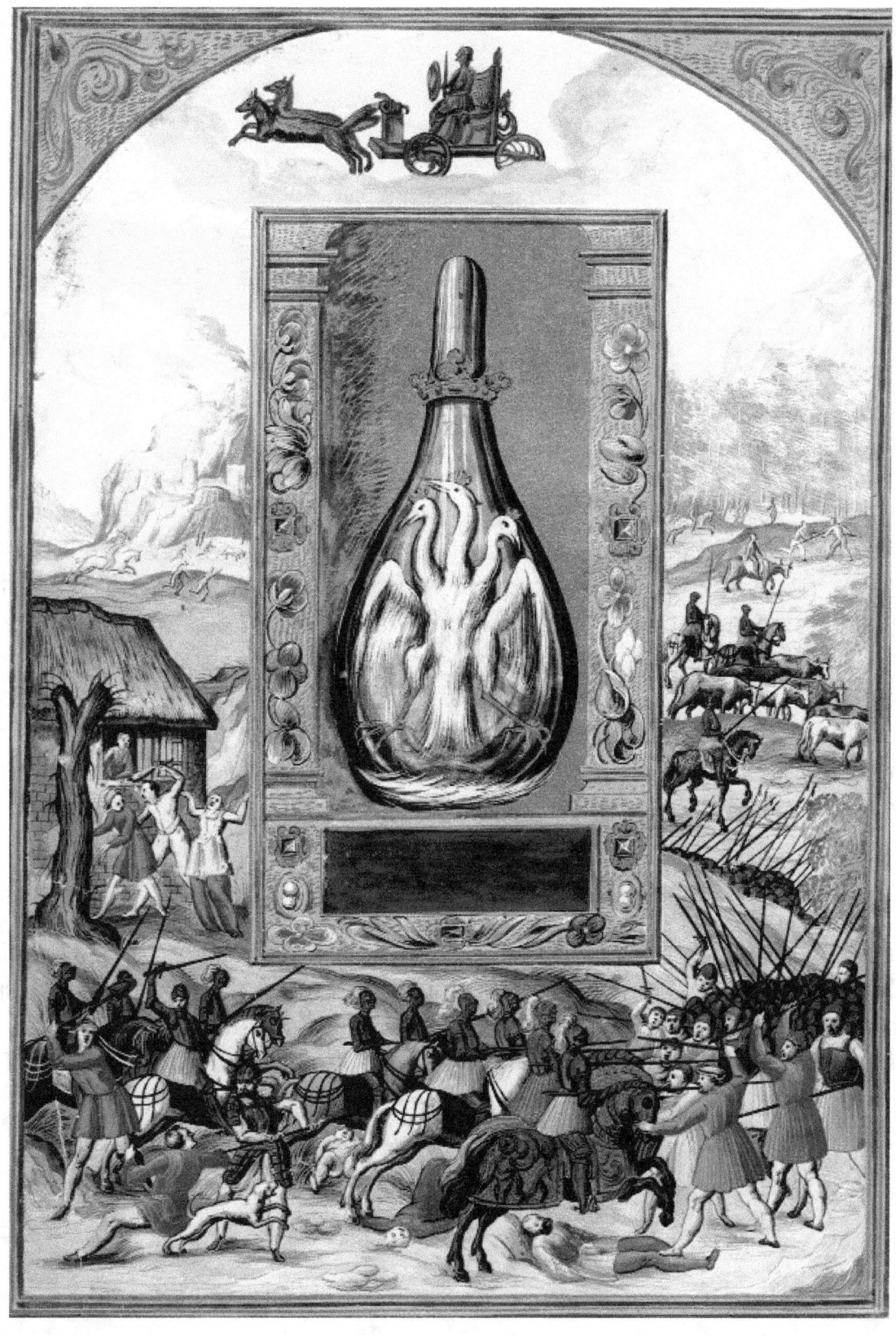

Venus

Venus ist die Liebesgöttin. Sie fährt in einem goldenen Wagen über die Wolken, der von zwei Vögeln gezogen wird. Vorn auf dem Wagen steht ihr Gehilfe Amor, bereit mit Pfeil und Bogen die Herzen zur Liebe zu entzünden. Die Kinder der Venus sind, wie könnte es anders sein, die Liebenden und Liebe suchenden. Auch die Musikanten, die die Herzen betören, sind ihre Kinder. Ausschweifungen beim Wein und im Bad, die die Liebe begleiten, sind links im Bild dargestellt. Die Planetenkinder der Venus sind Kinder der Harmonie.

In der Retorte erscheint ein Pfau mit dem prachtvollen Farbenspiel seiner Schwanzfedern, die an einen Regenbogen erinnern. Dieses Schauspiel symbolisiert die für die Alchemisten unerklärlichen Farbumschläge, die bei ihren Experimenten auftraten. Der Stein der Weisen kann nur aus den Farben hervorgehen.

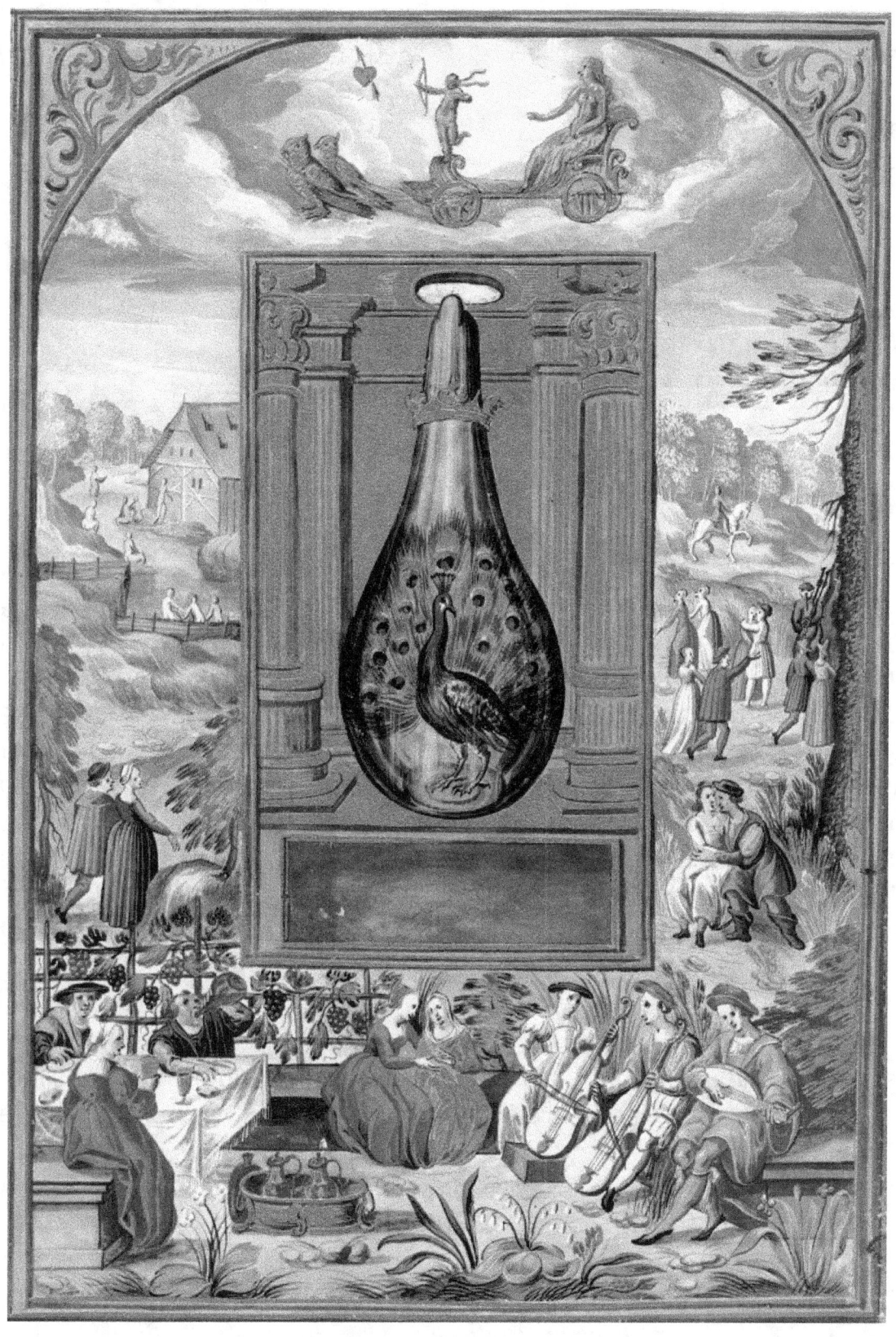

Merkur

Merkur fährt mit ernstem Gesicht in einem Wagen, der von zwei Hähnen gezogen wird. Die Hähne sind die Verkünder der Morgenröte. Die Morgenröte symbolisiert die Zukunft, der sich die Wissenschaft verschrieben hat; denn zu den Planetenkindern des Merkur gehören die Gelehrten. In der Hand hält Merkur den Stab mit den zwei Schlangen, den Kerykeion, der ihn als klug und weise ausweist. So sind auch die Planetenkinder des Merkur Wissenschaftler, Gelehrte und kluge Handwerker. Sie leben in der Stadt, wo die Weisen zu Hause sind. Wer in der Stunde des Merkur geboren wurde, kann damit rechnen, daß er als Kaufmann begabt ist. Wissenschaft, Handel und Wandel, Freigebigkeit und auch die Begabung zur Musik sind als Symbol für die Kinder des Merkur auf dem Bild zu sehen.

Die Königin mit Krone und Zepter in der Retorte symbolisiert das silberne, flüssige Quecksilber. Sie ist die Mutter, aus der der Stein der Weisen geboren wird.

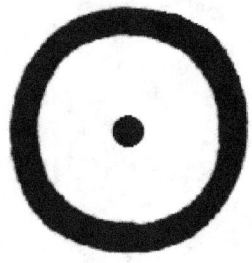

Sonne

In einem goldenen Wagen, bespannt mit zwei edlen Rappen fährt die Sonne in der Gestalt eines Königs über den Himmel. Er, der König, und die Sonne sind eines Wesens mit dem Vater des Steines der Weisen. Die Sonnenkinder sind fröhliche Sonntagskinder. Sie sind bevorzugte Geschöpfe. Sie vergnügen sich mit allerlei Spielen, wie Fechten, Tanzen und Bogenschießen. Auch intime Liebesspiele sind zu sehen. Die Landschaft der Kinder der Sonne ist eine Metropole, eine Stadt, in der es sich mit Vergnügen leben läßt. Im Vordergrund empfängt der Fürst seine edel gekleideten Adligen.

Der Drache in der Retorte mit den drei Köpfen steht für die Farben, die bei der Herstellung des Steines der Weisen erscheinen. Der schwarze steht für das Rabenhaupt, der weiße für das "Weiße Elixier", der rote für die "Rote Tinktur", die Panacee des Lebens.

Die

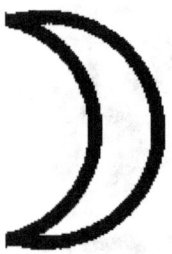

Mond

Mondgöttin ist die Göttin der Nacht. Sie fährt mit einem goldenen Wagen über den Himmel, der von zwei Jungfrauen gezogen wird. In der Hand hält sie eine Mondschale voll Tau. Ihre Planetenkinder sind die Fischer und Seeleute sowie die Jäger. Das Bild zeigt deshalb eine liebliche Seen- und Flußlandschaft, in der sich die Planetenkinder des Mondes beim Fischen und Jagen tummeln.

In der Retorte ist der Steine der Weisen zu sehen, der hier mit Zepter und einem goldenen Apfel erscheint. Sein rotes Gewand symbolisiert die Rote Tinktur.

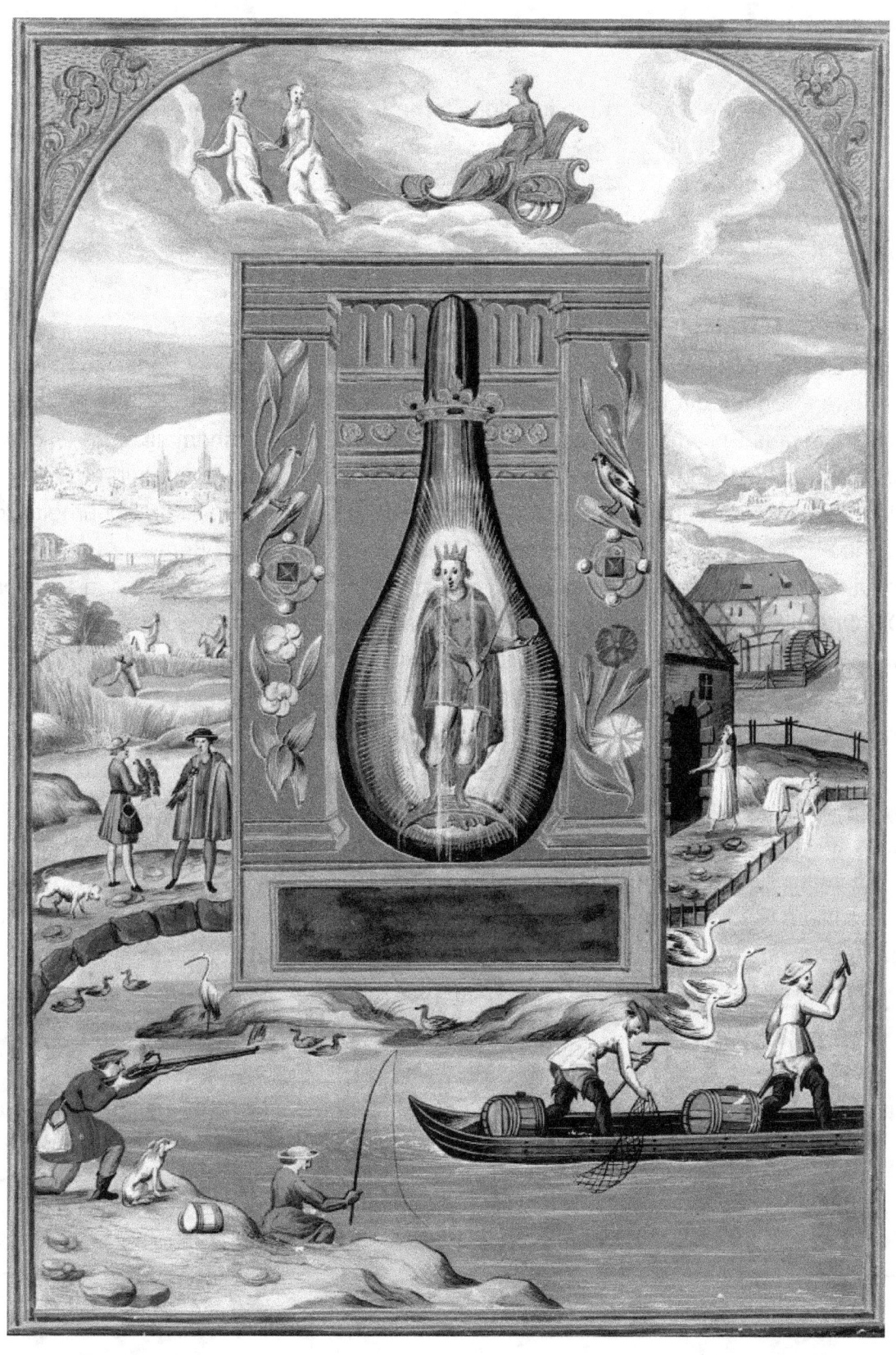

Astronomisch-astrologische Uhren und Kalender

Um ihre Experimente mit dem Einfluß der Sterne in Einklang zu bringen, konnten die Alchemisten an den Fürstenhöfen - wie zum Beispiel in Prag - die dort mit ihnen im Dienst stehenden Astronomen und Astrologen nach den benötigten astronomischen Daten befragen. Allen Alchemisten zugänglich waren die mechanischen astronomischen Uhren, die in vielen bedeutenden Städten meistens in Kirchen oder an Rathäusern angebracht waren. Seltener wurden auch Sonnenuhren benutzt, von denen manche eine erstaunlich große Anzahl von astronomischen und astrologischen Angaben machten.
Eine solche Sonnenuhr, die aus Grüden der leichteren Ablesbarkeit sogar aus zwei verschiedenen Sonnenuhren besteht, ist noch heute an der ehemaligen Struve-Apotheke in Görlitz zu sehen. Sie wurde im Jahre 1550 von dem Görlitzer Mathematiker und Astronom Zacharias Scultetus berechnet. Insgesamt machen die beiden Sonnenuhren zehn verschiedene astronomische und astrologische Aussagen, die für den mit Sicherheit Alchemie betreibenden Apotheker der Struve'schen Apotheke von großem Wert waren. Von dem linken mit Solarium bezeichneten Zifferblatt kann man folgende Angaben ablesen:
1. Die Ortszeit, die in Görlitz mit der mitteleuropäischen Zeit übereinstimmt, da Görlitz auf dem 15. Längengrad liegt, nach dem sich die mitteleuropäische Zeit richtet.
2. Die Tages- und Nachtlängen. Sie werden auf dem schwarz-weiß eingeteilten Mittagsmeridian abgelesen.
3. Das Tierkreiszeichen, in dem die Sonne sich jeweils aufhält, erfährt man aus den Parabeln, die sich quer über das Zifferblatt hinziehen.
4. Eine alte Stundeneinteilung, die sogenannten Nürberger Stunden. Dabei wurden Tag und Nacht für sich getrennt gezählt.
5. Die antiken Stunden. Eine Stundeneinteilung, bei der der Tag noch mit der Dämmerung begann. Die Tage und auch die Stunden waren damals verschieden lang.

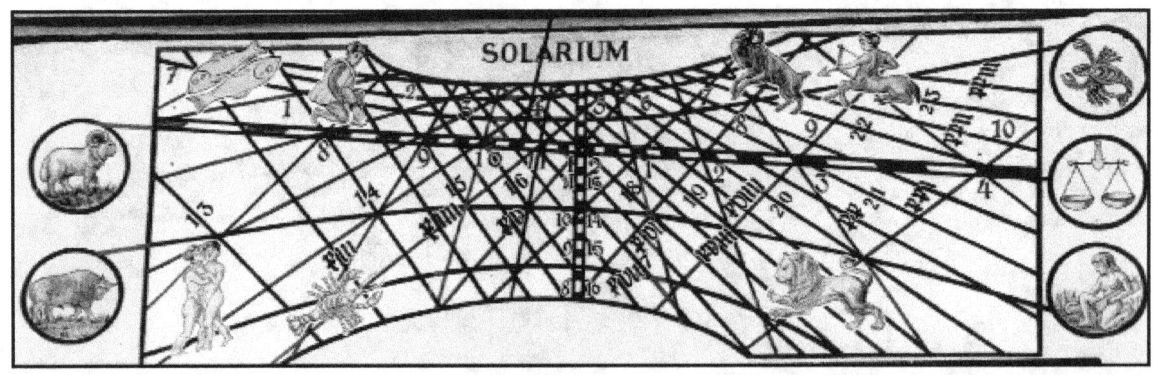

Die linke Sonnenuhr an der ehemaligen Struve-Apotheke in Görlitz

Die zweite Sonnenuhr an der Struve-Apotheke ist mit Arachne bezeichnet. Das scheinbare Durcheinander der Linien dieser Uhr hat ihr diesen Namen gegeben, denn Arachne heißt Spinne. Während das Solarium den Sonnenstand bezogen auf den Himmelsäquator und die Weltachse anzeigt, läßt die Arachne die Stellung der Sonne zu unserem Horizont und unserem Meridian erkennen. Sie macht ausschließlich örtliche Angaben des Sonnenstandes.

Für die Erstellung eines Horoskops ist es, wie oben schon erwähnt, wichtig, daß die Planetenstunden angezeigt werden. Diese Funktion erfüllt der Endpunkt des Zeigerschattens der Arachne. Er bewegt sich jede Stunde auf ein anderes der vielen Planetensymbole, die entsprechend der Erddrehung auf dem Zifferblatt verteilt sind und mit den gebogenen Höhenlinien fürs Auge das interessante Muster des Zifferblattes ergeben. An den Höhenlinien kann man jederzeit die Sonnenhöhe ablesen.

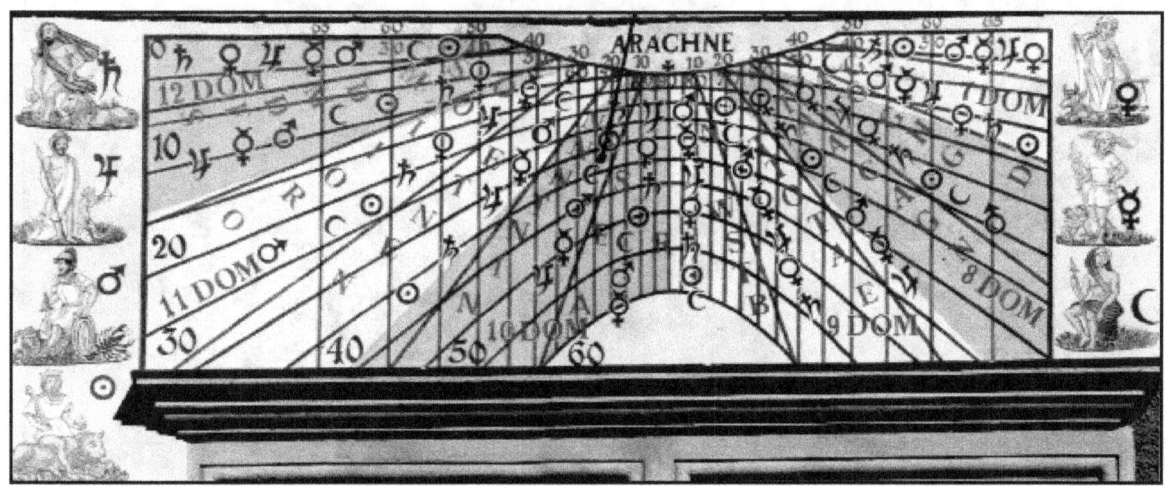

Die rechte Sonnenuhr an der ehemaligen Struve-Apotheke in Görlitz

Eine weitere astrologische Angabe der Arachne macht der Zeigerschatten. Er bestreicht Segmente, die angeben, in welchem Haus die Sonne sich gerade aufhält. Von den zwölf Häusern ist nur das 7. bis 12. zu sehen. Die anderen liegen in der Nacht.

Wichtiger als die Sonnenuhren waren für die Alchemisten sicher die mechanischen astronomischen Uhren, die man auch bei trübem Wetter und in der Nacht benutzen konnte. Sie befanden sich insbesondere in Kirchen und an Rathäusern. In den Kirchen, die oft zu Klöstern gehörten, riefen die Uhren die Mönche zum Stundengebet. Die astronomischen und astrologischen Angaben aber waren für die Wissenschaftler bestimmt, wozu damals auch die Alchemisten gehörten; denn ihre Arbeit wurde - wenn auch nicht von allen - als äußerst wichtig angesehen. Interessant ist, daß die astronomischen Uhren in den Kirchen auch heidnische Angaben machten, die nur für die Astrologie nutzbar waren, wie zum Beispiel die Planetenstunden oder der Sonnenstand in der Eklyptik (Tierkreis). In Mitteleuropa gab es im 14. bis 17. Jahrhundert mehr als dreißig astronomische Uhren. Von ihnen sind heute noch viele erhalten. So die astronomischen Uhren im Dom zu Münster, im Dom zu Lund, am Rathaus zu Ulm am Altstädter Rathaus zu Prag und viele mehr.

Die astronomische Uhr in St. Marien zu Rostock (unten) stammt in ihrer heutigen Form aus dem Jahre 1472 (Vorgängeruhr 1380). Sie macht alle Angaben, die auch die Sonnenuhren von Görlitz machen. Vor allem zeigt sie die für die Alchemie wichtigen Sonnenstände im Tierkreis und die Planetenstunden. Zusätzlich konnte der Alchemist hier aber auch die Mondphasen ablesen, wozu eine Sonnenuhr natürlich ungeeignet ist. Die Mondphasen brauchten der Alchemist und der Arzt zur Bestimmung der besten Zeiten für bestimmte Arbeiten und Behandlungen.

Der Zeiger zeigt vier Uhr vormittags. Die Sonne bewegt sich gerade aus dem Haus des Widders in das Haus des Stiers. In der Mitte zeigt die Uhr die Mondphasen an.

*Scheibe zum Ablesen der Planetenstunden.
Der rote Zeiger weist auf den Planeten, der die Stunde gerade regiert.
Hier tritt der Zeiger gerade von der Stunde der Venus in die Stunde der Sonne ein.*

Erleichtert wurde das Auffinden astronomischer und astrologischer Daten Anfang des 17. Jahrhunderts, als gedruckte Kalender auf den Markt kamen, die alles enthielten, was ein Alchemist oder ein Arzt für die Bestimmung des Zeitpunktes für seine Arbeiten brauchte. Sie ersetzten im täglichen Gebrauch weitgehend die Uhren, denn man hatte die Kalender jederzeit zur Hand.

Ein besonders eindrucksvoller Kalender ist der von Adelsheim für das Jahr 1670. Er ist mit einem schönen und, was die Astrologie anbetrifft, mit einem sehr aufschlußreichen Titelbild versehen, das natürlich damals wie heute nur Eingeweihte entziffern konnten und können. Diesen aber zeigt das Titelbild auf einen Blick, daß es sich hier um einen astronomischen Kalender handelt, der auch alle astrologische Deutungen enthält. Man entdeckt schnell, daß hier, wie es dem Inhalt des Kalenders entspricht, der gesamte Kosmos dargestellt ist, so wie man ihn sich nach dem geozentrischen Weltbild damals vorstellte.

Titelblatt des Natur und Planeten Calender von Philomenus Adelsheim von 1670

Den Mittelpunkt des Weltalls bildet natürlich die Erde mit ihrem einzigen vernunftbegabten Bewohner, dem Menschen. Er beobachtet das Rinnen des Sandes einer Sanduhr, die ihn an seine sehr begrenzte Lebenszeit erinnert. Denn kurz ist die Zeit, die der Kalender dem Menschen vorzählt, gemessen an der Ewigkeit. Damals fühlten sich die Menschen viel mehr in den Kosmos eingebettet, als wir das heute zu empfinden vermögen. Für sie war das ganze Weltgeschehen einschließlich Sternenwelt nach dem unergründlichen Ratschluß Gottes eingerichtet und der Mensch bildete mit dem Kosmos eine Einheit.

Dies will der Künstler mit seinem Titelbild zum Ausdruck bringen. Es steht deshalb über dem Ganzen in lateinischer Sprache der Psalm 8,4 und 8,5, der das Staunen des Menschen über die Herrlichkeit des Kosmos so beschreibt, wie man es schöner nicht sagen könnte. Der Psalm sagt: "Wenn ich Deine Himmel sehe, das Werk Deiner Hände, den Mond und die Sterne, die Du befestigt hast, was ist dann der Mensch, daß Du seiner gedenkst, was ist das Menschenkind, daß Du seiner Dich annimmst".

Der Einfluß der Gestirne, die Gott an den Himmel geheftet hat, wird hier gleichgesetzt mit der helfenden Hand des allmächtigen Gottes, die durch die Kraft der Sterne das Schicksal der Menschen lenkt. Astrologie war mit der Theologie also durchaus vereinbar.

Vor diesem Hintergrund versteht man nun auch viel besser die Vorstellung, ja den festen Glauben der damaligen Menschen an den Einfluß der Sternenwelt auf die Gesundheit des Menschen; denn der kosmische Einfluß war für sie eben göttlichen Ursprungs.

Die Beziehung des Menschen zum Kosmos ist im Einzelnen nun in Kreisen um das Zentrum des Bildes dargestellt. Um die vom Menschen bewohnte Erde als Mittelpunkt bewegen sich die sieben Planeten auf ihren Bahnen. Sie sind symbolisiert durch ihre astrologischen Zeichen. Durch Strahlen wird angezeigt, wie von den Planeten himmlische Kräfte zu den verschiedensten Organen des Menschen herniederströmen. Die Tierkreiszeichen, ein weiteres wichtiges astrologisches Element, findet man am äußersten Rand des "Weltalls" mit dem Sternenhimmel als Hintergrund.

Sonne und Mond werden am oberen Rand des Titelbildes groß abgebildet, wahrscheinlich auch, um mit dem Mond, der sich gerade vor die Sonne schiebt, eine partielle Sonnenfinsternis darzustellen; denn der Stand des Mondes an sich und die Finsternisse von Sonne und Mond im Besonderen waren und sind astrologisch sehr wichtige Ereignisse.

Außer von den fünf damals bekannten Planeten Merkur, Venus, Mars, Jupiter und Saturn strömen auf dem Bild auch noch von einem Sternenhaufen Himmelskräfte dem Menschen entgegen. Ebenso strömen himmlische Kräfte von der symbolischen Darstellung einer Gewitterwolke der Erde zu. Diese den Menschen früher ganz unverständliche Erscheinung des Gewitters ist von altersher mit magischen Vorstellungen belegt und gehörte zu den kosmisch wichtigen Ereignissen. Im Inneren des Kalenders werden dementsprechend auch Vorhersagen für das Wetter und über Gewitter gemacht, die die Kalendermacher aus den astrologischen Aspekten errechneten.

Auf dem Titelbild sind die Aspekte mit ihren Symbolen und den zu ihnen gehörenden geometrischen Figuren innerhalb der Planetenbahnen abgebildet. Unter Aspekten versteht die Astrologie bestimmte Stellungen von Erde, Sonne, Mond und den Planeten zueinander. Die Astrologen benutzen insgesamt fünf Aspekte für ihre Deutungen:

1. Als gerade Linie und mit zwei kleinen Kreisen symbolisiert ist die Opposition oder der Gegenschein dargestellt. Er tritt ein, wenn die Längen zweier Gestirne um 180 Grad verschieden sind.

2. Als Dreieck und mit dem Symbol des Dreiecks ist der Trigonal- oder Gedrittschein abgebildet. Er tritt ein, wenn die Längen zweier Gestirne um 120 Grad verschieden sind.

3. Der Quadrat- oder Geviertschein ist in logischer Folge mit einem Quadrat symbolisiert. Die Längen zweier Gestirne müssen hier um 90 Grad verschieden sein.

4. Beim Sextil- oder Gesechsschein sind die Längen um 60 Grad verschieden. Das Symbol für diesen Aspekt ist ein Sechsstern.

5. Die Konjunktion oder Zusammenkunft ist in der Abbildung nicht eingezeichnet. Sie findet statt, wenn zwei Gestirne in bezug auf die Erde gleiche Längen haben. Sind gleichzeitig auch die Breiten gleich, so bedecken sie einander. Die Konjunktion des Mondes mit der Sonne bedeutet Neumond und gegebenenfalls auch Sonnenfinsternis. Die Aspekte gehören zu den wichtigsten Elementen zur Erstellung eines Horoskops.

Der unter das Bild des Weltalls geschriebene Spruch: "Natura certior Arte" will wiederum sagen, daß die Natur die Lehrmeisterin der Wissenschaft (Alchemie) ist.

Diese Kalender wurden vor allem von Ärzten, Apothekern, Chirurgen und Badern benutzt. Aber eben auch die Alchemisten, die Bauern und eigentlich jeder Mensch konnte damals die Angaben in einem solchen Kalender gut gebrauchen, es sei denn, er gehörte zu den sehr Fortschrittlichen, die schon damals an die Astrologie nicht mehr glaubten.

Im Inneren des Kalenders sieht man gleich auf der zweiten Seite, daß er in besonderem Maße für die Heilkunde eingerichtet war. Denn hier findet man das Bild einer menschlichen Figur, das den Einfluß der zwölf Sternbilder des Tierkreises auf die Organe des Menschen zeigt. Der Arzt konnte aus dieser Zeichnung ersehen, mit welchen Organen die Kräfte der Sternbilder korrespondieren; denn welche Ader er zum Aderlaß benutzen durfte, war abhängig von der Konstellation der Gestirne. Der Aderlaß, der schon bei den Babyloniern und Assyrern bekannt war, ist seit den Tagen des Hypokrates ein fester Bestandteil der medizinischen Praxis. Theoretisch begründet er sich auf der von Galen begründeten Lehre von den vier Säften (Humoralpathologie). Danach verbürgt die richtige Mischung der Kardinalflüssigkeiten Blut, Schleim, gelbe und schwarze Galle die Gesundheit des

Menschen. Krankheit gilt nach Galen als Störung dieser Ordnung. Der Aderlaß galt als sicheres Mittel, das durch eine Krankheit gestörte Gleichgewicht der Säfte wieder herzustellen. Jedoch sollte man bei Kindern unter 14 Jahren und bei Menschen über 60 Jahre auf den Aderlaß verzichten, denn man wußte auch, daß der Blutverlust bei Personen mit schwacher Gesundheit zum Tode führen konnte. (weiter S. 171)

Neuer Januarius,	☽ Lauff	Aspecten und Erwehlungen.	Alter Jenner.
1 a New Jahr	♉ 15	△☉♀v. Kalte Flüsse/ Husten Etwas	22 f Beata
2 b Macarius	♉ 28	□♄/□☿v. und Schnuppen. leidlicher	23 g Dagobert9
3 c Genoveva	♊ 11	Wetter/	24 a Adam Eva
4 d Mathusal.	♊ 24	△♄v. △♀☽/☍☿n.	25 b Christtag
Joseph fleucht	mit M	aria in Aegypten/ Matth. 2.	Evang. Luc. 2.
5 E Thelesphor.	♋ 7	♀ in ♓/ ☌♃n. Schnee-	26 E Stephanus
6 f H. 3. König	♋ 20	● 5.v.45. ☿ in ♑/ △♃♂n. plödern/	27 d Joh: Evan:
7 g Isidorus	♌ 2	⚹♀☿n. und aber-	28 e Kindertag
8 a Erhardus	♌ 14	☊□♂v. mahls zu	29 f Jonathan
9 b Julianus	♌ 26	☊☍♄v. Kälte geneigt/	30 g David
10 c Paul. Eins	♍ 8	☽ a △☿ und ☍♀ ad ⚹♃♂n.	31 a Sylvester
		Alter	Jenner 1670.
11 d Hyginius	♍ 20	△☉/☍♃☿ GOTT gib Glück Der An-	1 a New Jahr
Jesus lehret	im Te	mpel zu Jerusalem/ Luc. 2.	Evang. Matt. 2
12 E 1 Reinhol	♎ 2	☊△♃♀/ zum Neuen. fang dieses Jahrs	2 B Abel/ Seth
13 f Hilarius	♎ 14	□♃/□☿v. vertröstet bey	3 c Enoch
14 g Felix	♎ 26	☾ 10.v.10. △♄v. ☽☊ gelinder Lufft	4 d Telesphorus
15 a Maurus	♏ 8	△♃/△♀v. und Schnee	5 e Simeon
16 b Marcellus	♏ 20	☊☌♂/⚹☿v. □♄n. ⚹♂☿ zu leidlichen	6 f H. 3. Kön:
17 c Antonius	♐ 4	⚹☉v. Es lässet sich Winter-	7 g Isidor9
18 d Prisca	♐ 17	□♀v. schlimm ansehen/ Wetter/	8 a Erhardus
Von der	Hoch-	zeit zu Cana in Galiläa/ Johan. 2.	Evang. Luc. 2.
19 E 2 Potent.	♑ 1	☉ in ♒/ wenn immer ⚹♄v. ☍♃n. drauff	9 B 1 Marcell.
20 f Fab. Seb.	♑ 16	⚹♂/⚹♀/☌☿n. folget unfödes	10 c Paul. Eins
21 g Agnes	♒ 0	● 2.n.28. △♂♀ Gewitter/ mit	11 d Hyginus
22 a Vincentius	♒ 15	☊□♂n. eines wider das ander ist. Schnee-	12 e Reinholdus
23 b Emerentia	♓ 0	☊☌♄v. △♃n. plödern und	13 f Hilarius
24 c Timotheus	♓ 15	△♂/☌♀n. Frösten/	14 g Felix
25 d Paul. Bek.	♈ 0	♀ in ♒/ ⚹☿/□♃/⚹☉n. vnd	15 a Maurus
Da Jesus	vom	Berg herab gieng/ Matth. 8.	Evang. Joh. 2.
26 E 3 Polycarp	♈ 15	fähret mit so	16 B 2 Marcell
27 f Joh. Chrys	♈ 28	⚹♄/□☿ straubischen Wet-	17 c Antonius
28 g Carolus	♉ 12	☽ 6.v.6. ⚹♃v. ter fort/ doch	18 d Prisca
29 a Valerius	♉ 25	☊☍♂v. ☊□♄/⚹♀n. etwas erträglicher	19 e Marius
30 b Adelgunda	♊ 8	□☿/△☉n. als vorhero/	20 f Fab. Seb.
31 c Virgilius	♊ 21	△♄n. Sonnenblicke/	21 g Agnes

Kalenderblatt vom Januar 1670 aus dem

Die Jahreszeiten, die sich nach alter Auffassung auf den Säftehaushalt auswirkten, mußten beachtet werden. Da sich im Frühling das Blut angeblich vermehrte, galt diese Zeit als besonders günstig für den Aderlaß. Wichtig war die bereits von Galen erhobene Forderung, Stunde und Körperstelle für den Aderlaß nach dem Lauf der Sterne zu bestimmen. Man mußte feststellen, in welcher Phase sich der Mond befand und wie er zu den Planeten und den Tierkreiszeichen stand. Nach diesen Kriterien wurden die einzelnen Tage als gut, mittel oder böse für das Aderlassen angesehen. Auch die Tatsache, daß die verschiedenen Teile des menschlichen Körpers der Herrschaft der Sternbilder des Tierkreises unterworfen waren, galt es zu beachten. Denn nie und nimmer durfte ein Glied verletzt werden, in dessen Zeichen der Mond stand.

Schnell zu erkennen ist auf dem Kalenderblatt vom Januar 1670, daß links der neue Gregorianische Kalender dem alten Julianischen auf der rechten Seite gegenübergestellt ist. Denn seit 1582 galten in Deutschland zwei Kalender. In den katholischen Gebieten galt der neue von Papst Gregor VIII., in den evangelischen noch der von Julius Caesar, da die Protestanten den papistischen Kalender nicht annehmen wollten. Erst im Jahre 1700 auf dem Reichstag zu Regensburg nahmen auch die protestantischen Länder den neuen Kalender an.

In der zweiten Spalte von links ist angezeigt, in welchem Tierkreiszeichen und auf welcher Höhe der Mond jeweils steht. Die breite mittlere Spalte mit ihren vielen Symbolen ist sehr schwierig zu verstehen. Sie ist mit "Aspecten und Erwählungen" überschrieben. Das bedeutet, daß hier sowohl die Sternenkonstellationen in astrologischer Verschlüsselung als auch die sich für die Astrologie daraus ergebenden Schlüsse, die sog. "Erwählungen" aufgeführt sind.

An einigen Beispielen sollen nun für einige wenige Tage des Januar 1670 die geheimen Zeichen entschlüsselt und die daraus folgenden astrologischen Schlüsse erläutert werden (Die Legende für die Verschlüsselung siehe auf dem Kalenderblatt Seite 169):

Am 1. Januar 1670 nach dem alten Julianischen Kalender (am 11.01. 1670 nach dem neuen Gregorianischen) steht: "Gott gibt Glück zum Neuen (Jahr)". Dies ergibt sich daraus, daß die Sonne im Aspekt des Gedrittscheins steht. Ferner kann man dem Kalender entnehmen, daß der Jupiter und der Merkur in Opposition stehen. Diese Konstellation geht aber schon am 2. Januar in den Aspect des Gedrittscheins über. Die Deutung der Astrologen heißt: "Der Anfang dieses Jahres vertröstet bey gelinder Luft und Schnee zu leidlichen Winter Wetter".

Anders ist es am 5. Januar. Die Pyramide aus sechs Kugeln bedeutet, daß dies ein guter Tag für das Abführen ist. Diese lateinisch Purgieren genannte Maßnahme war eine sehr häufig angewendete medizinische Behandlungsmethode, von der man sich eine Reinigung des ganzen Organismus versprach. Auch für das Schröpfen und Aderlassen eignete sich dieser Tag, wie die Symbole Maltheserkreuz und das Schröpfglas im Kalender anzeigen. An diesem 5. Januar stehen die beiden positiven Planeten Jupiter und Venus im Gedrittschein. Das bedeutet offensichtlich für alle medizinischen Maßnahmen einen guten Tag; denn auch das Kinderentwöhnen von der Mutterbrust ist an diesem Tag angesagt.

Der 12. und 13. Januar nach dem alten Kalender ist mit dem Zeichen eines bösen Tages gekennzeichnet. Hier war für alle Aktivitäten Vorsicht geboten.

Am 14. und 15. Januar wird den Badern oder Chirurgen mitgeteilt, daß an diesem Tage sehr gut Aderlassen und gut Schröpfen ist. Der Merkur wechselt in das Tierkreiszeichen Wassermann, in dem augenblicklich auch die Sonne steht.

Daß der Kalender auch dem Apotheker unentbehrlich war, zeigt eine Rezeptur aus der "Basilica Chymica" von 1609 für das "Laudanum Paracelsi". Es heißt dort: "Erstlich soll man Wurzeln und äußerliche Rinden des jungen, frischen, saftigen Bilsenkrautes alsdann einsammeln (....) wann sich die Sonn und der Mond im Zeichen des Widders oder der Waage vor dem vollen Licht sammeln". Um der astrologischen Forderung der Rezeptur zu entsprechen, mußte das Bilsenkraut also zum rechten astronomischen Zeitpunkt geerntet werden. Der Apotheker mußte mit dem Kalender die Zeit bestimmen, wann die Sonne und der Mond im Zeichen des Widders oder der Waage standen. Nach dem neuen, gregorianischen Kalender von 1670 stehen die Sonne und der Mond vor dem Vollmond am 23. und 24. März im Widder. Von 12. bis 14. Oktober stehen Sonne und Mond in der Waage. In diesem Jahr ist das im Oktober aber vor dem Neumond, so daß im Jahre 1670 nur der März-Termin für das Sammeln des Bilsenkrautes infrage kam.

Bei der Bereitung des Steines der Weisen mußte der Alchemist die Aspekte von Sonne, Mond und Merkur beachten. Außerdem mußte er sein eigenes Horoskop berücksichtigen. Wie eng die Astronomie mit der Alchemie verbunden war, zeigt das Bild des dänischen Astronomen Tycho Brahe, der hier in seiner Sternwarte Uraniborg mit einer astronomischen Uhr und einem großen Quadranten abgebildet ist. Die drei Stockwerke sollen drei verschiedene Arbeiten zeigen: das Vermessen des Himmels, das Zeichnen und Berechnen von Sternenkarten und die Anwendung der astronomischen Ergebnisse im alchemistischen Laboratorium. Tycho Brahe war später einer der beratenden Astronomen am Hofe Kaiser Rudolf II.

Das Ende war begleitet von Spott

Zu den Bildern, die uns einen Einblick in die Alchemie geben, gehören auch die Werke oder besser vielleicht die "Machwerke", die die Alchemisten belächeln, ja die sie sogar mit Hohn und Spott überschütten. Die hermetische Kunst, die über Jahrhunderte als eine ernsthafte Wissenschaft angesehen worden war, kam mit dem Aufkommen der Naturwissenschaften immer mehr in Verruf; denn die Methoden der deduktiven Gewinnung von Erkenntnissen erlaubten nun einen rationalen Einblick in die Natur, der die mystischen Vorstellungen der Alchemisten ad absurdum führte.

Im Jahre 1706 erschien ein in dieser Hinsicht besonders eindrucksvolles Bild in den "Historischen Anmerkungen" unter der Überschrift: "Über die nützlichste Sache der Welt."

Das Bild zeigt ein alchemistisches Labor, das aber mehr einem Tollhaus ähnelt als einer ernsthaften Arbeitsstätte; denn durch die Luft fliegen Teile der Geräte und überall sind Flammen zu sehen. Es wird getanzt und allerlei Unfug getrieben. Am ein drucksvollsten aber ist im Vordergrund der dreiköpfige Drachen, der Cerebro, der den Verstand oder auch die Hitzköpfigkeit symbolisiert. Er droht den Alchemisten aufzufressen. Bezeichnend ist, daß man die drei Köpfe des Drachens mit den Symbolen der drei Substanzen Schwefel, Quecksilber und Salz versehen hat, aus denen die Alchemisten immer wieder versucht haben den Stein der Weisen herzustellen und Gold zu machen. Es sind die drei Stoffe, die auch Paracelsus wegen ihrer mystischen Ambitionen zu seinen wichtigsten medizinisch wirksamen Stoffen machte. Die drei Köpfe des Drachens sitzen auf langen Hälsen, die wiederum zum Spott mit den den Alchemisten heiligen Verfahren Destillatio, Solutio und Calcinatio gekennzeichnet sind, also mit dem Destillieren, dem Lösen und dem Brennen. Die Alchemie und ihre Metaphysis ist hier in der Phantasie des Kupferstechers zu einem Ungeheuer ausgewachsen.

Der Alchemist von Pieter Brueghel d. Ä. 1525 - 1569 in Kupfer gestochen von Philipp Galle ?

Ein weiteres sehr lustig aufgemachtes Bild, das schon im 16. Jahrhundert entstand und das auch die Verunglimpfung der Alchemie zum Thema hat, ist der Kupferstich von Cock nach einer Handzeichnung von Pieter Breughels d. Ä. (1520-1569). Das Bild zeigt ein alchemistisches Labor, in dem alles spukhaft und übertrieben dargestellt ist. Die Personen machen nicht den Eindruck, als ob sie einer ernsthaften Arbeit nachgingen. Und Kinder spielen im Labor. Die geheimnisvollen Arbeiten der Alchemisten und die geheimnisvolle Ausrüstung der Laboratorien haben Pieter Brueghel - den Bauern-Brueghel - offensichtlich zu diesem Bild inspiriert. Brueghel gehörte wohl zu den Zeitgenossen, die die Alchemie wegen ihrer Geheimniskrämerei belächelten und die Alchemisten für Scharlatane hielten.

Im Hintergrund zeigt eine Szene dann die Tragik, die wohl auch zu dem Spott Anlaß gab. Der Alchemist muß mit seiner Familie ins Armenhaus gehen, weil er all sein Geld in die Suche nach dem Gold gesteckt hat.

Bildnachweis

S. 8 Salomon Trismosin, "Splendor solis" 1582. (Nachdruck 1972) X
S. 9 Britisch Library London, MS. Add. 25724.
S. 12 Basilius Valentinus, "Von den natürlichen und übernatürlichen Dingen", Paris 1668.
S. 15 Basilius Valentinus, "Chymische Schriften" S. 113, 1700. X
S. 13 Ausschnitt, Stefan Muschelspacher, Augsburg, 1615.
S. 17 Oswald Croll, Titel Basilca Chymica X
S. 21 Michael Maier, "Symbola aurea mensae", 1617.
S. 25 David Teniers d.J. "Der Alchemist" Arthothek, München, 1680.
S. 27 Rembrandt
S. 28 Unbekannter Maler, Sammlung Dr. Schneider, Schloß Lustheim.
S. 29 Hans Vredeman de Vries, aus H. Khunrath, "Amphitheatrum sapientia aeterna", 1609.
S. 33 Jehan Perreal, 1516. Musee Marmottan, Paris.
S. 34 Michael Maier, "Atalanta fugiens", 1618.
S. 36 Salomon Trismosin, "Splendor solis" 1582. (Nachdruck 1972) X
S. 37 Salomon Trismosin, "Splendor solis" 1582. (Nachdruck 1972) X
S. 39 Anonymus, 1423.
S. 41 J. M. Mylius, 1628. (Ein Fehler des Stechers wurde korrigiert.
S. 42 Rosarium philosophorum, Manuskript, 1550. Kantonsbibliothek St.Gallen (Vadinia).
S. 44 Michael Maier, "Atalanta fugiens", 1618.
S. 47 Stefan Muschelspacher, Augsburg, 1615.
S. 50 Salomon Trimegistos "Splendor solis" 1582 (Nachdruck) X
S. 53 Johannes Kunckel, "Ars Vitraria", 1679. X
S. 54 David Teniers d.J., 1650. Den Haag, Koninklijk Kabinet van Schilderijen Mauritshuis.
S. 55 Deutsches Apothekenmuseum, Heidelberg.
S. 57 Janus Lacinius, "Pretiosa Margarita novella", 1577-1583.
S. 56 Nicolei Le Febure, Chemischer Handleiter und Guldenes Kleinod 1685 X
S. 58 Aus dem Museum des Verfassers.
S. 59 Nicolei Le Febure, Chemischer Handleiter und Guldenes Kleinod 1685 X
S. 60 Joseph Wright, 1734-1794. Museum and Art Gallery, Wardwick-Derby.
S. 61 Figuarum Ägyptiorum-Secretarum, 18. Jahrhundert.
S. 62 Johann Stradanus, "Nova reperta", um 1580. X
S. 63 Aus "Die Erfindung" von Vergilius Polidorus 1557.
S. 64 Balthasar Schnurin 1664 aus Kunst-, Haus- und Wunderbuch
S. 67 Johann Stradanus, Palazzo Veccio, Florenz, 1570. X
S. 68 Aus dem Museum des Verfassers
S. 70 Bibliothek des Konvents der Franziskaner, Franzis Street 1, Jerusalem. X
S. 72 Michael Maier, "Atalanta fugiens" 1618.
S. 75 Johann Schröder, Titel aus dem 2. Bd. Vollständiger Arzneischatz, 1718 X
S. 77 Alchemistische Handschrift (Pandora) 1550; Universitätsbibliothek Basel.
S. 78 Stolcenberg, Viridariumchymicum, 1624.X
S. 81 Robert Fludd, 1631, "Itegrum morborum mysterium" .
S. 83 Holzschnitt v. H. von Gersdorf nach Johann Schott, "Feldbuch der Wundarznei", 1540.
S. 84 Unsigniert, Philipp Galle nach Johann Stradanus 1570?

S. 85 Schnitzerei aus einer Apotheke
S. 87 Gian Lorenzo Bernini, Kapitol. Museen, Rom, u. Harry Bates, Tate Gallery London.
S. 89 Kupferstich v. Aubry 1604,
S. 92 Thüringer Laboranten-Museum, Museum Rudolstadt.
S. 94 Ausschnitt Titel Oswald Croll, "Basilika Chymica" 1609.   X
S. 97 Im Besitz des Vervassers
S. 98 Aus dem Museum des Verfassers u. Museum Stockholm.
S. 99 Aus dem Museum des Verfassers
S. 100 David Teniers um 1630 X
S. 102 Johann Schröder, Vollständiger Arzneischatz, 1718. X
S. 103 Altartafel, Museum Ulm.
S. 105 Berlin, SMB, PK, AMP, Inv. P15990.
S. 106 Aufnahmen: Dr Klaus Meyer, Oelde u. Verfasser. X
S. 107 Aufnahme des Verfassers.
S. 108 Staatl. Museum, Schwerin. Links unten: Biblioth. Nationale, Paris.
S. 109 Aufnahmen des Verfassers.
S. 110 Stanta Croce Florenz X
S. 111 Veits-Dom Prag. X
S. 113 Aufnahmen des Verfassers ehemaligen Zisterzienserkirche in Eußerthal-Pfalz X
S. 114 W. H. Freiherr von Hohberg 1675 und Klosters Wessobrunn
S. 114 - 116 Aufnahmen des Verfassers
S. 118 Aus J.R. Glauber, "Von den Dreyen Anfangen der Metalle", 1666.
S. 120 + 121 Lazerus Ercker, "Aula subterranea", 1556.
S. 122 J. G. Agricola: De re Metallica, 1558
S. 123 Museum der Stadt Gotha, Schloß Weikersheim
S. 124 David Teniers, um 1630 X
S. 125 Lazerus Ercker, "Aula subterranea", 1556.
S. 127 Nicolei Le Febure, Chemischer Handleiter und Guldenes Kleinod 1685 2 X
S. 128 Aus "Descriptions des arts et metuers, 1762.
S. 127 Nicolei Le Febure, Chemischer Handleiter und Guldenes Kleinod 1685 X
S. 130 Opus Mago-cabbalisticum 1735 X
S. 132 Michael Maier, Atalanta fugiens", 1618.
S. 133 Michael Maier, Atalanta fugiens", 1618.
S. 234 - 137 Kupferstiche von L. Surugue nach Nicolas Vleugels X
S. 139 Michael Maier, "Vivatorium" 1651.
S. 140 Aus dem Kalender des Johannes Georgius Götz von 1660. X
S. 141 - 142 Georg von Welling, "Mago-Cabbaliosticum Theosophicum X
S. 143 Handzechnung X
S. 144 Codex ser. vov. 2652, Österreichische Nationalbibliothek, Wien.
S. 147 - 159 Salomon Trismosin, "Splendor solis" 1582. Nachdruck X
S. 160 - 161 Aufnahme des Verfassers a. d. Struwe'schen-Apotheke in Görlitz X
S. 164 + 168 Philomenus Adelsheim, Natur und Planeten-Kalender 1670. X
S. 170 Tycho Brahe X
S. 171 Aus historische Anmerkungen vom 29. 6.1706.
S. 172 Pieter Brueghel d. Ä. 1525-1569, gestochen v. Philipp Galle.   *X= im Besitz des Verfassers*

www.ingramcontent.com/pod-product-compliance
Lightning Source LLC
Chambersburg PA
CBHW082329220526
45470CB00008B/2445